国家自然科学基金项目(51374139)资助
山东科技大学学术著作出版基金资助

倾斜软顶中厚煤层拱形断面钢筋网托顶与轻质高强砌块复合沿空留巷技术

李　洪　　张培鹏　　蒋力帅　　周思友
　冯　春　　谢金洪　　张振扬　　　　著

中国矿业大学出版社

内 容 提 要

本书采用调查分析、理论研究、数值模拟、综合评价和实测研究等方法,针对沿空留巷围岩控制、沿空留巷巷旁软顶拱形断面钢筋网托顶控制技术、轻质高强混凝土砌体沿空留巷技术、轻质砌体沿空留巷施工关键技术进行了系统的研究。

图书在版编目(CIP)数据

倾斜软顶中厚煤层拱形断面钢筋网托顶与轻质高强砌

块复合沿空留巷技术/李洪等著.—徐州:中国矿

业大学出版社,2017.6

　ISBN 978 - 7 - 5646 - 3526 - 8

　Ⅰ.①倾…　Ⅱ.①李…　Ⅲ.①中厚煤层采煤法—钢筋

网—研究②中厚煤层采煤法—无煤柱开采—研究　Ⅳ.

①TD823.25

　中国版本图书馆 CIP 数据核字(2017)第 103820 号

书　　名	倾斜软顶中厚煤层拱形断面钢筋网托顶与 轻质高强砌块复合沿空留巷技术
著　　者	李　洪　张培鹏　蒋力帅　周思友 冯　春　谢金洪　张振扬
责任编辑	周　红
出版发行	中国矿业大学出版社有限责任公司 (江苏省徐州市解放南路　邮编 221008)
营销热线	(0516)83885307　83884995
出版服务	(0516)83885767　83884920
网　　址	http://www.cumtp.com　E-mail:cumtpvip@cumtp.com
印　　刷	徐州中矿大印发科技有限公司
开　　本	850×1168　1/32　印张 4.25　字数 118 千字
版次印次	2017 年 6 月第 1 版　2017 年 6 月第 1 次印刷
定　　价	25.00 元

(图书出现印装质量问题,本社负责调换)

前　言

　　煤炭是我国能源结构的重要组成部分,是我国国民经济发展的重要保障,但煤炭的实际生产过程存在着许多危害安全的重大技术难题。沿空留巷技术作为一项先进、绿色的煤矿开采技术,提高了煤炭资源采出率、延长了矿井服务年限、减少了巷道掘进量、降低了冲击地压和瓦斯突出的危险性,解决了诸如工作面前进式开采、取消区段煤柱、工作面 Y 型通风等许多煤矿生产中的重大技术难题。近年来,我国发展了多种沿空留巷方式,有先进的模板(包括柔性模)高水材料或混凝土充填墙沿空留巷,但成本高、工艺复杂、故障多;也有传统的密集支柱、木垛或矸石墙沿空留巷,但巷旁支护强度低、巷道变形大、效果差;还有巷旁顶板预裂爆破冒落成墙沿空留巷,但技术要求高,施工要求严,现场难以掌控。针对目前沿空留巷的经验和现场实际情况,本书提出倾斜软顶中厚煤层拱形断面钢筋网托顶与轻质高强砌块复合沿空留巷技术,利用砌体墙墙体施工简单、砌块制作容易、搬移运输方便、成本投资低廉等优点,同时采用最先进的高强锚杆、钢筋网以及预应力锚索等支护控制技术保护巷道稳定和降低变形量,再配合使用采空区中深孔切顶卸压爆破,进一步改善沿空留巷及砌体墙的受力状态,使得该法实施简单、可靠、经济。

　　山东科技大学与四川达竹煤电(集团)有限责任公司合作,针对-4111 工作面煤层结构复杂、倾角大、厚度大以及顶板软弱等现场实际情况,采用倾斜软顶中厚煤层拱形断面钢筋网托顶与轻质高强砌块复合沿空留巷技术,提出了降低下出口采高、减小巷旁墙体高度以及钢筋网托顶支护等技术措施,通过合理的沿空留巷围岩控制支护,使沿空留巷取得了成功,取得了良好的经济效益和社会效益。

本书采用调查分析、理论研究、数值模拟、综合评价和实测研究等方法,针对沿空留巷围岩控制、沿空留巷巷旁软顶拱形断面钢筋网托顶控制技术、轻质高强混凝土砌体沿空留巷技术、轻质砌体沿空留巷施工关键技术进行了系统的研究。主要内容如下:

(1)高强轻质混凝土物理力学性能及影响因素研究,配合比设计及性能试验,确定 LC50 高强轻质混凝土的主要技术参数和质量控制标准。

(2)研究 LC50 高强轻质混凝土的应力-应变关系,建立高强轻质混凝土的本构关系;研究 LC50 混凝土的徐变变形规律,建立徐变模型。

(3)通过多孔混凝土砌块孔型、孔洞率、受力特征、承载能力研究和力学试验,确定砌块形状、结构、尺寸和排列方式,设计砌体的结构。

(4)沿空留巷理论研究。根据现场具体条件,分析研究沿空留巷顶板运动特征和运动过程,提出维护沿空留巷稳定,改善顶板运动状态,优化留巷区域应力状态的方法。

(5)根据上覆岩层运动及矿压显现规律并结合现场实际,分析沿空留巷巷旁支护墙体的受力状态及过程,确定砌体支护强度;分析砌体、砌块承载能力与混凝土强度之间的相互关系,确定轻质混凝土的强度等级。

(6)根据巷道围岩控制理论和方法,结合现场实际的支护需求,提出锚、网、索支护控制围岩的基本方法,通过高强锚杆、预应力锚固和托板护岩技术,配合钢筋网的补强支护,发挥锚杆主动支护的作用,保证巷道的稳定和完整。

(7)根据巷道掘进、受采动影响及留巷期间等不同运行时期的受力特点,提出有针对性的支护控制方案。

(8) 确定沿空留巷的支护位置和支护墙体的结构参数,并根据墙体结构参数设计砌块规格和砌块排列方式。

(9) 确定沿空留巷超前支护、出口支护和滞后支护强度、支护范围和支护方法。

(10) 设计现场实测方案,并通过实测数据,分析研究沿空留巷矿压显现、砌体受力和稳定规律,完善巷道围岩控制方法以及墙体结构参数等关键问题。

本书的内容是高等院校、四川达竹煤电有限责任公司联合攻关的结晶,借著作出版之际,谨向在合作研究中作出贡献的有关部门及人士表示衷心的感谢! 在编写过程中,参阅了国内外相关学者的研究成果,除参考文献注明出处部分外,限于篇幅未能一一说明,在此一并致以衷心感谢!

本书不当之处,敬请读者批评指正。

作者
2016 年 5 月

目 录

1　绪　论

1.1　背景及意义

1.1.1　沿空留巷的重要性和必要性

沿空留巷技术是一项先进、绿色的煤矿开采技术。其突出的优点在于：首先，它取消了维留巷道的煤柱，提高了煤炭资源采出率，延长了矿井服务年限，有利于煤炭资源的合理开发利用，有利于矿山的可持续发展；其次，变掘巷为留巷，减少了巷道掘进量，降低了冲击地压和瓦斯突出的危险性，有利于矿山的安全生产；缩短了准备时间，缓解了采掘接替矛盾，提高了矿山的生产效率；另外，沿空留巷开采不留煤柱，取消了孤岛工作面，缩短了搬家时间，减少了集中应力的影响，有利于防止冲击地压的发生并减少了发火威胁，有利于实现矿井安全生产和提高矿井技术经济效益，社会效益也十分显著。沿空留巷是煤矿开采技术的一项重大改革，它可以解决煤矿生产中的许多重大技术难题[1]。

（1）首先，它是矿井采掘规划与采区开拓开采布局的重大突破和技术革命，如图 1-1 和图 1-2 所示，它使得回采巷道由双巷或多巷变为单巷布置，不仅少掘进了至少一条回采巷道，而且可以连续顺序回采，其重要意义在于：① 缓解接续紧张矛盾。实践证明沿空留巷减少回采巷道掘进工程量 20%～80%，这对于缓解接续紧张的矛盾具有十分重要的意义，尤其对于以薄煤层开采为主的达竹矿区更是意义重大。② 避免了孤岛开采。如图 1-2 所示，沿空留巷使得工作面不再需要进行跳采,完全可以按顺序接替,避免了孤岛开采,从而也避免了孤岛工作面开采带来的一些矿井灾害与技术问题,尤其是深部孤岛开采带来的诸如高应力、冲击地压以及煤与瓦斯突出等一系列问题。

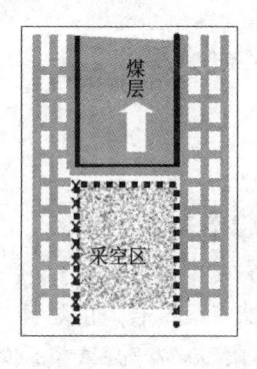

图 1-1　工作面双巷或多巷布置

图 1-2　沿空留巷及顺序开采

　(2) 其次,沿空留巷开采是提高采出率的最有效途径之一。表 1-1 是部分矿区煤炭开采损失情况。

表 1-1　　　　　　　　　部分矿区煤炭开采损失构成情况

矿区	采区煤炭开采损失构成分类及比重/%				
	煤柱损失	落煤损失	厚度损失	地质损失	其他
大同	54.59	3.93	21.15	13.50	6.83
阳泉	63.82	5.53	2.54	21.20	6.81
西山	50.07	4.55	26.14	14.61	4.63
平顶山	24.80	6.20	21.30	37.59	10.11
澄合	22.90	2.00	41.82	30.50	2.78
蒲白	42.60	4.50	26.19	——	23.20
抚顺	64.23	5.69	20.37	1.79	7.92

我国煤炭采出率仅为 30%～40%,其中,煤柱损失所占比重最大,沿空留巷无煤柱开采可提高资源回收率 15% 以上。

(3) 更好地解决了一些突出的瓦斯灾害问题。

沿空留巷对于解决瓦斯灾害问题具有突出贡献,主要体现在以下两个方面:

① 可以实现 Y 形通风,从根本上消除工作面上隅角瓦斯超限问题。传统的 U 形通风方式,无论采用高位钻孔、埋管抽采,还是利用高抽巷,都不能从根本上解决上隅角瓦斯超限和瓦斯积聚问题;而采用 Y 形通风方式,改变了采空区风流方向,从而改变了采空区瓦斯运移规律,同时利用倾向钻孔、埋管抽采,从根本上解决了上隅角瓦斯积聚和超限问题,如图 1-3 所示。

② 是实现煤、气共采最科学的方法之一。

如图 1-4 所示,利用沿空留巷,可以方便地布置顶板和底板抽采钻孔,解决了上、下位瓦斯抽采巷道布置困难、层位难以控制、岩石工程量大的难题。

如图 1-5 所示,沿空留巷对采空区瓦斯的抽采十分方便,而且

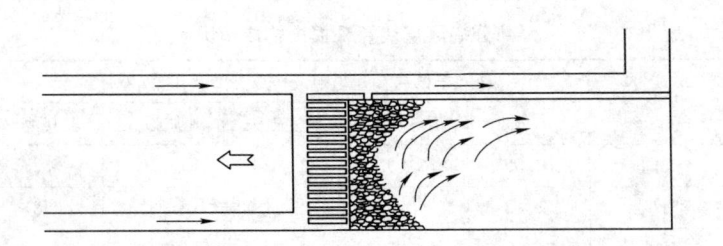

图 1-3　沿空留巷 Y 形通风方式

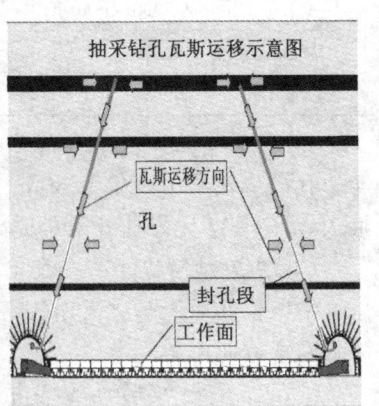

图 1-4　沿空留巷抽采钻孔布置

效果好,对于保护层卸压开采,效果尤其显著。

（4）解决 U 形通风回风流温度高的难题

如图 1-3 所示,由于采空区内散发的热量通过沿空巷道直接进入专用回风巷,机电设备和机械等产生的热量,通过进风流也带入沿空巷道进入专用回风巷中,因为两巷进风,工作面全部位于进风流,因此温度低,作业环境大为改善。

由于沿空留巷突出的优越性,以及达竹矿区的生产实践也证明,煤矿生产要高产高效,实现煤气共采、解决上隅角瓦斯超限、降

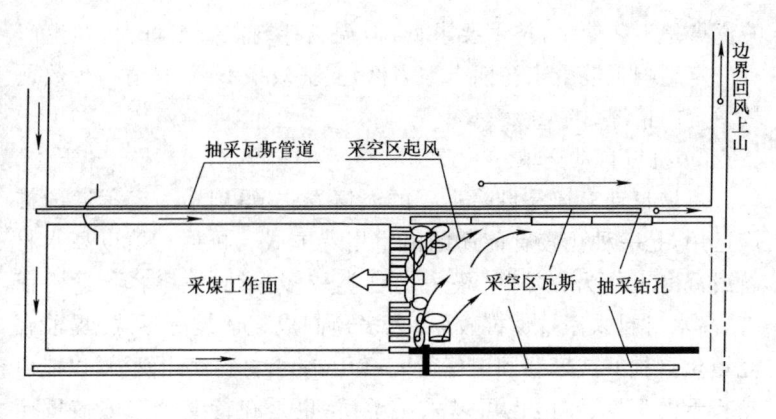

图 1-5　沿空留巷采空区抽采示意图

低冲击地压和煤与瓦斯突出危险、提高资源回收率以及解决高温地热改善作业环境等难题,采用沿空留巷是最有效和科学的方法之一,是最值得研究和推广的科学采矿方法。①

1.1.2　沿空留巷的主要形式及存在问题

沿空留巷技术自 20 世纪 50 年代在我国开始使用以来,一直是我国煤炭开采的重要技术发展方向[2-3]。到目前为止,我国在沿空留巷理论与技术研究方面做了大量的工作,发展了多种沿空留巷方式,主要包括:

(1) 模充墙沿空留巷

模充墙沿空留巷包括人工充填和机械自动充填两种方式。

① 人工充填

早期采用人工充填较多,多以混凝土作为充填材料,采用简易的木制或钢制模板,人工安放在沿空留巷巷旁支护的位置,现场拌制混凝土,多以碎煤作为骨料,根据工作面推进随拌随充。该方法

---

① 引自张农.沿空留巷技术与工程案例[EB/OL].[2017-03-25]. https://wen-ku. baidu. com/view/967363co1a4028915f804dc25f. html.

的优点是工艺简单,技术要求低,但现场拌制混凝土量大,对生产有一定影响且混凝土初期支撑力低,支护效果不好,只适合少数顶板稳定的情况。

② 机械自动充填

机械自动充填是目前主要的充填方式,得到了一定程度的推广运用,是一种比较有前途的沿空留巷方式。机械充填以高水材料或混凝土作为充填料,模板的种类较多,形式也多样。通常而言,高水材料采用柔性模较多,大多预制成充填袋等形式,提前在充填位置挂好或安装固定好待充;而混凝土材料多用钢模,以能自动行走的型模较好,也可以采用柔模,也是在待充位置安装固定好。柔性模随充随挂再充,钢性模需初凝后拆模移模再充。机械充填的关键是制浆和浆料输送,目前已有成套的浆料制备和输送设备,能够实现自动控制。充填成套设备制备好充填料后,通过管道高压输送到型模中胶结成墙成巷。机械充填自动化程度高、效率高,容易保证施工质量,理想情况下对生产影响小,具备实现综采快速推进的条件。

但我国目前机械充填仍存在很多问题,主要包括三个方面:一是投资大,连同制备、输送、管道等,需要数百万的投资;二是留巷成本高,尤其高水材料充填,留巷成本达到每米万元,为新掘一条巷道的两倍左右;三是技术要求高,尤其混凝土充填,原料的添加、配比的控制、浆料的输送、堵管的处理、设备的运转、模板的安移等等,都有很多难以控制的因素,使得实际的沿空留巷充填施工受到这些诸多因素的影响而进度缓慢,对生产产生影响,难以实现快速推进[4]。

(2) 切顶卸压爆破沿空留巷

该方法与传统的沿空留巷方法有很大的不同,它是采用爆破的方式,把沿空留巷巷旁上方的顶板爆落下来,自然堆积起来形成支护墙体。归纳起来,它包括两种方式:

① 工作面前方顶板中深孔预裂爆破

该方法在工作面前方平巷中超前在巷旁支护位置进行中深孔预裂爆破,待工作面推过后顶板在预裂位置垮落卸压,并自然堆积接顶形成支护墙体。为了达到更好的成巷效果,采用聚能爆破,把炸药装入两侧钻有聚能孔的 PVC 管中,PVC 炸管安装时聚能孔正对顺槽走向方向,炮孔则沿顺槽肩窝斜上方布置在回采侧沿空留巷位置处。很显然,该方法对爆破技术要求很高,现场操作难度很大,并且还需要有条件适合的顶板条件,因此,推广运用受到了限制。

② 工作面后方顶板中深孔预裂爆破

该方法爆破在留巷巷道的工作面出口处的采空区进行,工作面推过后,在出口处的顶板中钻中深孔炮眼,出口下方的顺槽中沿空留位置支设好挡矸支柱并挂好金属网,出口支柱回撤后即进行爆破,促成顶板断裂垮落,有效卸压并利用垮落岩石形成巷旁支护。

该方法对地质条件要求较高,既要求顶板稳定,又要求爆破后垮落充分,但这往往矛盾,并且还要求工作面最好有较大的角度,便于采空区垮落后岩石向下滚滑形成巷旁支护。部分大倾角薄煤层工作面,当采空区顶板垮落较好时,借助较好的挡矸技术,不需要辅助爆破亦能形成巷旁支护,但无论是否爆破,该种沿空留巷方式都受到很大的制约,运用范围很有限,并且由于矸石支护墙支撑力低,可缩量大,效果通常较差,综采工作面难以推广运用。

(3) 矸石墙沿空留巷

传统的沿空留巷方式,顶板条件好时还可以采用木垛、密集等方式作为巷旁支护。由于支护强度低,墙体压缩量大而逐渐淘汰。

(4) 砌体沿空留巷

该沿空留巷方法运用最为广泛,墙体的形式和结构也最为多样。地面预制各种规格、形状的砌块,工作面采后简单码砌形成砌体作为沿空留巷巷旁支护体。该方法技术含量低、墙体码砌施工简单、工人容易掌握，并且砌块制作方便、质量容易控制，制作设备极其简单，对工作面地质及赋存条件要求不高，适应能力强，有较好推广价值和运用前景。但该方法砌块重量大，搬运施工不便，工人劳动强度大。

1.1.3　轻质砌体沿空留巷的优点及意义

综合以上几种沿空留巷方法，砌体有较大优势，最适合现场施工，对生产影响小，设备简单，成本低。关键是如何减轻砌体质量便于施工，同时保证砌块和墙体强度，不影响沿空留巷的效果。为了发挥砌体的优势，克服砌体存在的问题，根据国内外对混凝土技术的研究，本书提出了采用轻质高强混凝土砌体，改进目前沿空留巷的方法。比较而言，轻质高强砌体具有如下优点：

① 砌块加工简单

轻质砌块的加工和普通混凝土砌块一样，可以采用制砖机或砌块加工机，单机加工能力和自动化程度根据实际需要确定，既可以使用简单便宜的机械，也可以使用自动化程度高的程控设备，但加工均极为简单。

② 砌块质量有保证

由于砌块在地面预制，一是保养时间有保证，二是便于严格按配合比设计要求进行混凝土拌制，不合格的砌块不下井。

③ 墙体码砌施工简单

煤矿行业的特点属于粗放笨重型，复杂和精细的施工工艺很难推广和长期坚持，砌体施工简单，工人经极简单的培训即可熟练掌握施工技术和技巧，施工质量容易保证。

④ 初期承载能力高，支护效果好

砌体码砌好接顶后，即刻就有较强的支撑能力，既可以有效防止墙体大幅度压缩而被压坏，也可以阻止顶板下沉量过大而破坏顶板完整结构。如果在墙体顶部垫放木块等可缩性材料，则可以达到更好的留巷效果。

⑤ 搬运方便,劳动强度低

轻质砌块重量轻,比同规格的普通混凝土可以减少至少三分之一的重量,因此搬运和施工均较为方便,工人劳动强度大大降低,有利于提高效率和提高施工速度。

1.2 国内外研究现状

1.2.1 沿空留巷研究现状分析

沿空留巷技术自 20 世纪 50 年代在我国开始使用以来,一直是我国煤炭开采的重要技术发展方向。到目前为止,我国在沿空留巷理论与技术研究方面做了大量的工作,在条件较好的薄及中厚煤层采煤工作面的沿空留巷技术已日趋完善,巷旁支护、巷内支护、加强支护及煤帮加固技术已趋成熟,但在条件困难的中厚煤层或厚煤层较大断面巷道中,特别是推进速度较快的综采工作面采用沿空留巷技术仍存在着一些技术难题,使得一些矿井在应用沿空留巷技术时没有取得预期的效果,甚至留巷失败,从而限制了沿空留巷技术在我国更广泛地推广应用[5-7]。

1.2.1.1 沿空留巷支护技术的发展历程

根据沿空留巷巷内和巷旁支护方式,我国沿空留巷技术的发展历程,大致可分为以下四个阶段[8]。

第一阶段,20 世纪 50 年代起,在煤厚 1.5 m 以下的煤层中尝试着用矸石墙作巷旁支护,巷内主要采用木棚支护,其存在着矸石的沉缩量大、巷内支架变形严重、维护工作量大、工人垒砌矸石的工效低、劳动强度大、安全性差等问题,其应用范围受到极大限制。

第二阶段,20 世纪 60 年代至 70 年代,在 1.5～2.5 m 厚的煤层中应用密集支柱、木垛、矸石带、砌块等作为巷旁支护,巷内多采用木棚、工字钢梯形支架支护,沿空留巷取得了一定成功,并得到了一定程度的应用。

第三阶段,20 世纪 80 年代至 90 年代,在大力推行综合机械化采煤后,随着采高不断增大,我国煤矿工作者在引进、吸收国外的沿空留巷技术的基础上,发展了巷旁充填留巷技术,巷内多采用 U 形钢可缩性金属支架支护。90 年代初期,沿空留巷理论与技术有了较大的发展,但由于巷内支护大多为被动支护,加之巷旁充填技术还不完善,其支护技术难以适应大断面沿空留巷的要求,在 90 年代中后期,沿空留巷技术应用范围又呈减少趋势。

第四阶段,21 世纪以来,随着锚网索支护技术的推广应用和巷旁充填技术的不断完善,我国在厚煤层综放工作面进行了沿空留巷技术试验研究,如潞安集团常村煤矿 S2-6 综放工作面,巷内采用锚梁网索联合支护,巷旁支护运用高水材料充填加上空间锚栓加固网技术,进行综放大断面沿空留巷试验,并取得初步成功。

1.2.1.2 沿空留巷理论研究现状

国外沿空留巷研究已有较长的历史,较有影响的理论是英国南威尔斯大学斯麦脱(Smart)[9]于 1982 年提出的倾斜岩梁理论。该理论认为巷旁支护对巷道基本顶起控制作用,主张用控制巷道煤柱侧和巷旁支护侧的顶板下沉量,即控制顶板倾斜度的方法作为设计巷旁支护工作阻力和可缩量的依据[10]。

孙恒虎等[11]根据煤层顶板特征和弹塑性力学的有关理论,将长壁工作面沿空留巷的煤层顶板简化成了层间结合力忽略不计的矩形"叠加层板",认为沿空留巷支护载荷只与短支承边界的载荷有关。

郭育光等[12]研究认为,巷旁支护应具有早期强度高、增阻速度快的特点,紧随工作面构筑,及时支护直接顶,避免与上部基本顶离层,并切断直接顶,减小巷旁支护载荷,控制巷道变形。随着工作面推进,巷旁支护阻力应达到切顶阻力,当基本顶弯矩在巷旁支护边缘附近达到极限时,切断基本顶。垮落的矸石由于破碎后体积增大,当充满采空区时,更上位岩层在煤体和矸石的支撑下取得运动平衡,巷道围岩变形趋向缓和。采高决定巷旁支护的切顶高度。巷旁支护阻力大小应根据块体不同时期的平衡条件推导出不同时期的巷旁支护阻力的计算式。

李化敏[13]分析了沿空留巷顶板岩层运动的过程及其变形特征,明确了顶板岩层运动各阶段巷旁充填体的作用,根据充填体与顶板相互作用原理,确定了各阶段沿空留巷巷旁充填体支护阻力的控制设计原则,并建立了相应的支护阻力及合理压缩量数学模型。

漆泰岳等[14]通过现场实测和理论分析对不同围岩条件下基本顶断裂引起的整体浇注留巷带的支护强度和变形能力进行了深入研究,提出了使沿空留巷巷道保持稳定的整体浇注留巷带支护强度与变形的理论计算方法,进而对沿空留巷整体浇注留巷带的适应性进行了研究。

谢文兵等[15]在工程实践基础上,采用适于分析岩层断裂和垮落的数值分析软件 UDEC 建立相应的数值分析模型,详细分析了综放沿空留巷围岩移动规律,系统分析了基本顶断裂位置、端头不放顶煤长度、原有巷道支护技术、充填体宽度、充填方式和充填体强度对综放沿空留巷围岩稳定性影响规律,得出了许多有益的结论。研究结果表明,在保证顶煤及顶板稳定前提下,合理利用围岩移动规律,确定合理充填方式和充填体强度,既能保证充填体稳定,又能达到很好的留巷效果。

朱川曲等[16]根据综放沿空留巷围岩变形大且围岩力学参数中有许多随机变量的特征,阐述了其支护结构可靠性分析的必要性。应用工程结构可靠性理论,建立了综放沿空留巷支护结构可靠性分析模型,得到了支护结构可靠度的计算公式。研究认为,通过合理选择锚杆类型、加大锚杆支护密度、改善锚固体及充填材料力学性能等措施,可达到提高综放沿空留巷支护结构可靠性的目的。

华心祝[17-18]从如何提高顶板岩层的自我承载能力入手,提出了一种主动的巷旁加强支护方式——巷旁锚索加强支护,建立了考虑巷帮煤体承载作用和巷旁锚索加强作用的沿空留巷力学模型,并分析了巷内锚杆支护和巷旁锚索加强支护的作用机理。利用理论分析所得结论,进行了工程实践,为较大采高工作面沿空留巷技术提供了理论依据和借鉴经验。

1.2.2 轻集料混凝土研究现状

1.2.2.1 轻集料混凝土概念[19-23]

轻集料混凝土(简称 LC)是指采用轻粗集料、轻砂(或普通砂)、水泥和水配制而成的干表观密度不大于 1 950 kg/m³ 的混凝土,其中由轻砂做细集料配置而成的轻集料混凝土为全轻混凝土,由普通砂或部分轻砂做细集料配置而成的轻集料混凝土为砂轻混凝土。

轻集料混凝土按用途可分为三大类:① 保温轻集料混凝土,主要用于保温的围护结构或热工构筑物;② 结构保温轻集料混凝土,主要用于既承重又保温的围护结构;③ 结构轻集料混凝土,主要用于承重构件或构筑物。显然,能应用于结构构件设计的是结构轻集料混凝土。我国轻集料混凝土技术规程把密度等级为 1 400～1 900 kg/m³,28 d 抗压强度大于 15 MPa 的轻集料混凝土称为结构轻集料混凝土。结构轻集料混凝土因具有轻质高强的特点而在土木工程领域有着十分广泛的应用前景,但在煤矿尚未见有应用的报道,因此,开展与此相关的研究无疑具有非常重要的现实意义。

1.2.2.2 高强轻质混凝土及其优点[24]

高强轻质混凝土(简称 HSLC)是指利用高强轻粗集料(在我国主要是高强陶粒)、普通砂、水泥和水配制而成的干表观密度不大于 1 950 kg/m³,强度等级为 LC30 以上的结构用轻质混凝土。
和普通高强混凝土相比,高强轻质混凝土具有以下优点:

(1) 轻质高强

HSLC 的表观密度一般为 1 560~1 950 kg/m³,比普通混凝土减轻了 20%~40%,而强度可达到或超过普通混凝土的强度等级,与高强混凝土(简称 HSC)相比,其比强度高于 HSC(见表1-2)。国内外很多工程实践早已证明,HSLC 比强度高、质量轻,用于建造大跨度的桥梁和高层、超高层建筑可以大大减轻结构自重,降低基础荷载,减少材料用量和运输量,由此带来的经济效益是十分可观的。对于沿空留巷而言,砌块质量的减轻带来的是施工的方便、施工的安全、劳动强度的降低和效率的提高。

表 1-2　　　　　　　　　**HSLC、HSC 的比强度**

混凝土性能指标	HSLC		HSC	
	指标	比强度	指标	比强度
抗压强度/MPa	60	34.5	60	25.5
表观密度/(t/m³)	1.74		2.35	
抗压强度/MPa	94	50.5	95	39.5
表观密度/(t/m³)	1.88		2.40	

(2) 耐久性能好

在 HSLC 中,由于高强陶粒的多孔性及其粗骨料和水泥砂浆之间过渡区的高品质材料,以及骨料和水泥浆体之间的弹性协调,其耐久性特别是在抗冻性、抗渗性、抗氯盐和海水腐蚀能力等方面均较普通混凝土要好。

(3) 无碱骨料反应

HSLC 中的高强陶粒表面具有良好的火山灰活性,也是一种碱活性很强的骨料。而且它的多孔性,可以缓解它和混凝土中碱性物质反应形成的巨大应力,使混凝土结构免遭破坏。日本在1983 年对使用 20 多年的 360 例采用 HSLC 的土木工程(主要是桥梁和海洋工程,使用年限均超过 20 年,混凝土总用量超过 40 万 m^3)的现状进行跟踪调查,其结果也充分说明了这个问题。

(4) 体积稳定性好

对 HSLC 体积稳定性最关心的问题是硬化初期的水化热及收缩变形对混凝土可能产生裂缝的影响。大量研究表明,虽然在相同水泥用量的情况下,HSLC 的水化热最高温升比普通混凝土略高,收缩率也比较大,但由于它的多孔性赋予它较好的保温、隔热性能,较低的线胀系数和弹性模量,HSLC 无论是早期水化热引起的内外温差,或是后期混凝土收缩较大引起的温度-收缩应力,都较同条件的普通混凝土低。

1.2.2.3 HSLC 在国内外研究及应用情况

(1) 国外情况[24]

人造轻集料和轻质混凝土问世,直接克服了混凝土质量大这一主要缺点,所以广为世界各国所重视。美国、日本、欧洲国家等一直把人造轻骨料的生产和 HSLC 的应用作为建筑材料和土木工程中的重要课题,投入了大量的人力物力进行研究,并设立专门机构,总结科学研究和生产实践的先进经验,及时编制标准规程。这些国家目前均已编制(或已多次修订)出了轻集料技术要求、试验方法、低密度混凝土(含 HSLC)结构设计及桥梁设计等方面的一系列规范性文件,为轻集料和 HSLC 的应用提供了理论基础。由于 HSLC 具有优良的品质,并且有规范性文件做指导,所以HSLC 在国外已被广泛用于各种工程结构物中。

1922 年美国开始把 HSLC 用于桥梁工程和土木建筑。美国于第二次世界大战期间,采用 HSLC 建造了 104 艘船只用于商业与军事,船体经过 40 多年的风风雨雨后仍然状态良好。近几十年,美国使用 HSLC 建造了数量众多的大跨度桥梁和高层、超高层建筑,如芝加哥高 195 m 的波因特湖塔式建筑,高 260 m 的水塔大厦和休斯敦的 52 层高 218 m 的贝壳广场大厦(包括基础在内均为 HSLC)等都是使用 HSLC 极为成功的例子。

德国、日本及北欧国家等都在 HSLC 的研究应用方面取得了巨大的成功。挪威近二十年来关于 HSLC 方面的研究发展非常迅速,在 HSLC 的高强度方面已超过美国、德国等,已使用 LC50 以上的 HSLC 建造了多座跨海湾和海峡的大跨桥梁和浮桥等。

(2)国内情况[24]

我国对轻集料和轻质混凝土的研究是从 20 世纪 50 年代中期开始的,原建工部建筑科学研究院和一些省市的地方科研机构都投入了一定的力量从事这方面的研究工作,但其规模和深入程度与当时的某些发达国家相比都存在很大的差距。直到 70 年代后期,原国家建委和国家建工总局才把轻集料、轻混凝土及其应用技术等有关课题列入全国建筑科技发展计划,以中国建筑科学研究院为主要负责单位,会同有关研究所、设计院和天津大学、同济大学、浙江大学等五十多家单位组成全国性科研协作网,花了二十多年的时间进行了较为系统的研究,编制了轻集料、轻质混凝土及轻质混凝土结构设计中的有关标准规程。在学术交流方面,为了推动轻集料和轻质混凝土生产与应用的发展,自 1984 年起,曾先后召开了十多次学术交流会,为我国轻集料和轻质混凝土的发展,起到了很好的推动作用。我国自 50 年代后期即开始生产人造轻集料和轻质混凝土,70 年代后期研制出的 LC30 的 HSLC,已在桥面板和跨度为 6~9 m 的预应力屋面板上应用。在 80 年代初期,选用高强陶粒,在实验室配制出了最高抗压强度达 70 MPa 的 HSLC,其应用也有一定的发展。

但是自 80 年代末和进入 90 年代近十年间,HSLC 的应用不仅没有增加,反而大大减少。全国新建万余座高层、超高层建筑,大跨度桥梁和高架桥、高速公路桥、立交桥,却很少采用 HSLC。究其原因主要是由于:① 忽视对人造高强轻集料(即高强陶粒)生产与应用技术的研究与引导;② 对 HSLC 在结构应用上的优越性的宣传不够,认识不足;③ 一支专业设计队伍尚未形成,特别是设计单位,在进行一些重大结构设计时,缺乏经验或无章可循。

近几年来,随着国家经济的发展和国家政策的引导,高强陶粒和 HSLC 的发展已出现了可喜的势头。首先是经试验和工程实践表明,目前上海、宜昌的高强陶粒质量完全符合国家标准,其技术指标已达到或超过了国外老牌的高强陶粒水平,用它可以配制出 LC30~LC60 或更高的 HSLC。其次是一支专业队伍正在形成。20 世纪 90 年代,林同炎中国公司进入我国,该公司同我国科研、设计单位及大专院校的合作,对推动 HSLC 在工程中的应用起了很大的推动作用。我国应用 HSLC 的部分工程实例见表 1-3。

表 1-3　　　　　　国内应用 HSLC 的部分工程实例

序号	工程名称	使用部位	强度等级	建成时间	备注
1	河南平顶山市湛河大桥	拱肋	LC30	60 年代	净跨 50 宽 20 m 拱形公路桥
2	宁波市解放桥	梁体	LC30	60 年代	简支梁、最大跨度 37 m
3	本溪 24 层建溪大厦	框架、楼板	1~3 层 LC30 其余 LC25	90 年代	泵送施工
4	上海岗皋路 3 栋 20 层建筑	剪力墙体	1~3 层 LC30 其余 LC20	90 年代	泵送施工

1.3 研究内容与创新点

1.3.1 主要研究内容

① 高强轻质混凝土物理力学性能及影响因素研究,配合比设计及性能试验,确定 LC50 高强轻质混凝土的主要技术参数和质量控制标准;

② 研究 LC50 高强轻质混凝土的应力-应变关系,建立高强轻质混凝土的本构关系;研究 LC50 混凝土的徐变变形规律,建立徐变模型。

③ 通过多孔混凝土砌块孔型、孔隙率、受力特征、承载能力研究和力学试验,确定砌块形状、结构、尺寸和排列方式,设计砌体的结构。

④ 沿空留巷理论研究。根据现场具体条件,分析研究沿空留巷顶板运动特征和运动过程,提出维护沿空留巷稳定、改善顶板运动状态、优化留巷区域应力状态的方法。

⑤ 根据上覆岩层运动及矿压显现规律并结合现场实际,分析沿空留巷巷旁支护墙体的受力状态及过程,确定砌体支护强度;分析砌体、砌块承载能力与混凝土强度之间的相互关系,确定轻质混凝土的强度等级。

⑥ 根据巷道围岩控制理论和方法,结合现场实际的支护需求,提出锚、网、索支护控制围岩的基本方法,通过高强锚杆、预应力锚固和托板护岩技术,配合钢筋网的补强支护,发挥锚杆主动支护的作用,保证巷道的稳定和完整。

⑦ 根据巷道掘进、受采动影响及留巷期间等不同运行时期的受力特点,提出有针对性的支护控制方案。

⑧ 确定沿空留巷的支护位置和支护墙体的结构参数,并根据墙体结构参数设计砌块规格和砌块排列方式。

⑨ 确定沿空留巷超前支护、出口支护和滞后支护强度、支护范围和支护方法。

⑩ 设计现场实测方案,并通过实测数据,分析研究沿空留巷矿压显现、砌体受力和稳定规律,完善巷道围岩控制方法以及墙体结构参数等关键问题。

1.3.2 关键技术及创新点

1.3.2.1 关键技术

（1）轻质高强混凝土研制

混凝土质量是项目成功的关键因素之一,需要满足轻质、高强和良好性能三个方面的要求。

（2）孔型砌块及砌体设计

① 砌块规格及结构设计

砌块规格是墙体设计的基础,也决定施工的方便与效率。为了使单个砌块尺寸更大一些,同时又不至于重量太大影响施工,增加工人搬运码砌的难度,在采用轻质混凝土的同时,研究孔型结构砌块进一步降低砌体重量。

② 砌体结构设计

砌体承受采空侧顶板岩层的重量,经受采动的影响破坏,阻挡采后垮落矸石的下滑和冲击,是沿空留巷成功的保障。

好的结构有利于墙体受力和稳定,针对现场情况,运用理论分析和 FLAC3.0 数值模拟研究沿空留巷砌体的受力和变形,从而确定砌体的位置、宽度、需要承受的荷载集度（支护强度）以及墙体结构和砌块规格。

（3）沿空留巷矿压理论研究及墙体受力环境优化和改善

上覆岩层的组成、性能和运动特征,决定了沿空留巷顶板的结构和受力环境,通过矿压理论分析－4111 工作面沿空留巷顶板运动规律,研究改善和优化墙体受力环境的办法,主要有：

① 采空侧上方顶板中深孔爆破切顶卸压;

② 降低下出口高度,意味着降低了墙体的高度,提高了稳定性,改善了受力状况,还节约了材料。

（4）沿空留巷围岩控制设计

沿空留巷的成功，不仅依赖巷旁墙体的支撑作用，更重要的是对巷道自身围岩的控制。通过围岩控制和锚杆支护理论研究，确定-4111工作面沿空留巷的巷道围岩控制方法和支护设计，包括掘进期间的基本支护设计、留巷前期的补强支护设计和留巷后的维护支护设计。

（5）沿空留巷施工工艺

施工质量是成功的保障，轻质混凝土沿空留巷砌体施工必须确保整平垫实、皮皮铺底、块块勾缝、横平竖直；做到底要硬、顶要软。

1.3.2.2 创新点

① 成功研制了双孔型轻质高强混凝土砌块，采用"二纵一横，纵横交错，错缝交叉"的砌块排列方式，创造性地提出了轻质高强混凝土砌体沿空留巷技术，并首次运用于煤矿开采。

② 创造性提出了钢筋网托顶技术。在工作面下出口巷旁打锚杆、锚索、钢筋网，把钢筋网支护在内连煤层顶板上，包住外连煤层与巷道交汇处的破碎煤块，增强了原拱形巷道挤压加固的效果，保持该处围岩的完整性，让巷道围岩具有更大的承载力。

③ 创造性地提出了在工作面下出口预留外连煤层降低采高，以降低巷旁墙体支护高度，增强墙体的稳定性与强度，保持原拱形巷道的完整性，充分利用拱形巷道比梯形巷道具有更大承载能力的特点。这点是该沿空护巷的关键技术。

④ 分析了大倾角拱形断面沿空留巷上覆岩层活动规律和围岩变形破坏规律，研究了沿空留巷变形组成的前期变形、中期变形和后期变形的"三期变形"理论，并提出了"前期基本支护控制、中期补强支护控制、后期稳定支护控制"的沿空留巷围岩控制的"三期变形"控制原则。结合金刚煤矿现场实际，提出了前期变形锚、网、索基本支护，中期变形 L 钢筋网、锚杆补强支护，后期变形单体支架稳定支护的围岩控制策略。

2 基本概况

2.1 矿井基本概况

　　川煤集团达竹煤电(集团)有限责任公司金刚煤矿位于达州市西南方向,与达州市水平距离 19.5 km,属达县大垭、百节、石板、斌郎、福善五乡所辖,行政区划属达县石板镇。井田南北走向长约 5.87 km(南与茶园煤矿、北与斌郎煤矿相接),东西宽约 2.60 km,井田面积 15.273 3 km²,主平硐标高为＋330 m。金刚煤矿所在地交通方便,距达州市 27 km,有 5 km 的水泥路与 210 国道(汉渝公路)相通,达渝高速公路横穿矿区;距井田西北的达县火车站 35 km,可南到重庆、北至万源等地;井田西侧有铜钵河。因下游建有金盘子水电站,蓄水颇丰,可以舟楫。交通位置示意图如图 2-1 所示。

　　金刚煤矿始建于 1959 年,1972 年建成投产。最初设计生产能力为 21 万 t/a,经过 1978 年、1985 年两次扩能,生产能力达 45 万 t/a,随着生产采区的不断开发,在"十五"期间对矿井生产系统进行了技术改造,在 2005 年核定生产能力为 60 万 t/a,下一步将技改扩能为 75 万 t/a。

2.1.1 井田地质情况

　　(1)地层赋存特征

　　金刚井田广泛出露中下侏罗系自流井组,煤系地层为上三叠系须家河组,仅在井田南北"天窗式出露",煤层露头少见,属隐伏煤田。区内出露和钻孔揭露的地层,从老到新有三叠系须家河组

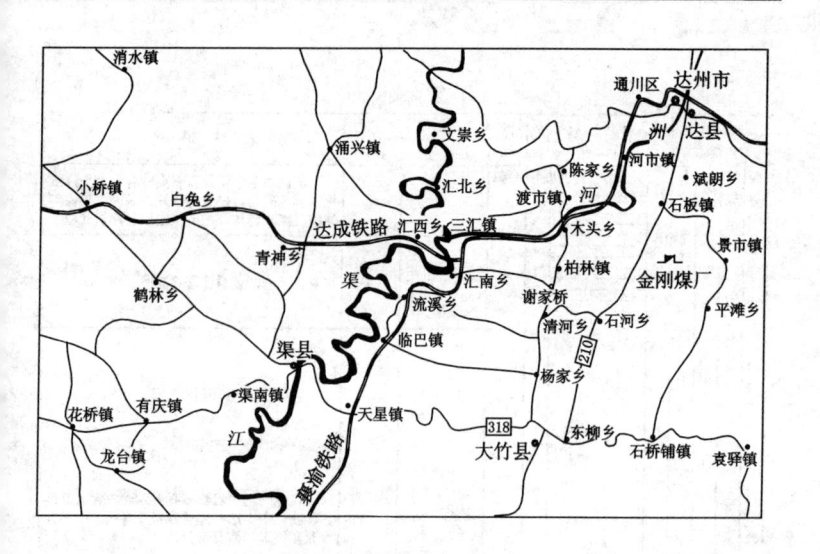

图 2-1　交通位置示意图

(T_3xj)、侏罗系自流井组$(T_{1-2}z)$、和沙溪庙组(J_2s)。煤系地层为须家河组第五段(T_3^5xj)、第六段(T_3^6xj)，均为陆相河流环境沉积，厚 201～1 041 m。地层综合柱状和煤层赋存特征如图 2-2 所示，主要含煤地层为第五段(T_3^5xj)、第六段(T_3^6xj)：

第五段(T_3^5xj)：俗称中煤组，厚 84.09～128.61 m，一般为 103.67 m，其中砂岩类约占 34%，泥岩类约占 64%，含煤率约为 2%。第一带$(T_3^{5-1}xj)$为灰、深灰色泥岩，泥质粉砂岩，含 11、12 煤层及煤线 4～7，本带厚 20.16～56.77 m，一般厚 41.89 m。第三带$(T_3^{5-3}xj)$为深灰色泥岩、泥质粉砂岩，含 14 煤层及煤线 4～6，本带厚 3.46～34.5 m，一般厚 15.37 m。

第六段(T_3^6xj)：俗称上煤组，厚 75.83～152.52 m，一般为 104.20 m，其中砂岩类约占 67.6%，泥岩类约占 28.9%，含煤率约为 3.5%。第二带$(T_3^{6-2}xj)$为井田内主要含煤带，岩性为深灰、泥

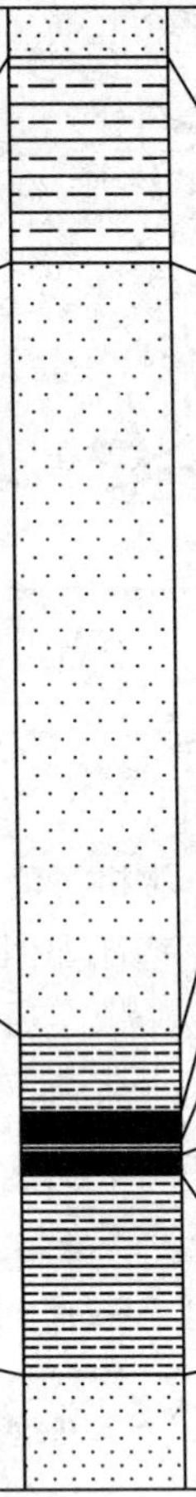

地 层			柱 状	序	真 厚/m		岩 性 描 述
系	组	段 带	(1:200)	号	层 厚	累 计	
侏罗系	自流井组	第一带		1			灰色细至中粒长石石英砂岩,含少许红色或黑色矿物、白云母碎片,底部含菱铁矿结核及泥质色体,与下伏地层呈冲刷接触
三 叠 系	须 家 河 组	第 六 段 第四带		2	$\dfrac{14.02\sim1.78}{7.212}$	7.212	深灰色泥岩,砂质泥岩夹煤线
		第 三 带		3	$\dfrac{34.18\sim13.36}{27.274}$	34.459	灰色细至中粒长石石英砂岩,含大量黑色矿物,中上部夹泥质砂岩及煤线,底部含少量菱铁矿结核及煤包体
		第 二 带		4	$\dfrac{5.36\sim1.14}{2.698}$	37.157	深灰色泥岩,泥质粉砂岩,泥岩中含大量侧羽叶、新节木等化石,夹1~2层煤线
				5	$\dfrac{1.42\sim0.44}{0.959}$	38.116	外连煤层,含夹矸1~2层,平均厚度为0.171 m
				6	$\dfrac{0.81\sim0.12}{0.499}$	38.615	深灰色泥岩夹煤线
				7	$\dfrac{1.17\sim0.30}{0.668}$	39.283	内连煤层,中部含泥岩夹矸1层,平均厚度为0.23 m
				8	$\dfrac{10.42\sim4.48}{6.953}$	46.256	深灰色泥质粉砂岩,砂质泥岩,中下部夹1层泥线
		第 一 带		9	$\dfrac{65.67\sim49.79}{58.887}$	105.123	灰白色细至中粒石英砂岩,含大量白云母片,下部含泥质结核及煤包体

图 2-2 煤层综合柱状及煤层赋存特征

质粉砂岩,含煤3~9层,主要为内连和外连煤层,全区可采,本带厚2.56~40.53 m,一般厚15.71 m。

（2）地质构造

金刚井田包括新华夏系褶皱和新北西向构造褶皱。新华夏系褶皱包括主背斜——中山背斜,其轴线长度约占井田长度的63%,为本井田主构造;新北西向构造褶皱包括5个向斜和3个背斜。金刚煤矿井田内发现断层(落差大于5 m)62条,有24个钻孔穿过断层,共见断层点35处。现揭露的陷落柱共计26个,其中在+330 m水平以上揭露的24个陷落柱均无水,在+120 m水平揭露的26号陷落柱为强含水陷落柱。

（3）水文地质

金刚煤矿可采煤层的各充水含水层的富水性均弱至极弱,各隔水层的隔水性较好,地下水的补给、径流条件差,各切断含水层的断层均为压性或压扭性,导水性很弱,故水文地质类型为以坚硬裂隙岩层为主的水文地质条件简单类型。目前各采区最低标高为−100 m,最高标高为+330 m,各生产采区地下水均通过上山巷道流入+120 m水平的南北运输大巷,再汇聚到中央水仓,集中抽到地面。−4111采区地下水由排水泵抽至+120 m水平水仓。通过连续观测,现实际矿井最大涌水量为8 140 m³/d,最小涌水量为6 582 m³/d,平均涌水量为7 357 m³/d。

（4）瓦斯情况

本井田勘探阶段未采集瓦斯样,原精查报告引用1974年金刚煤矿瓦斯等级鉴定资料。1989~2006年金刚煤矿每年都进行了瓦斯等级鉴定,结果为瓦斯、高二氧化碳矿井。

（5）煤尘爆炸性

勘探阶段对各可采煤层作煤尘爆炸试验,生产阶段又对内连、外连煤层进行了煤尘爆炸试验,所有试验结果都表明,各煤尘均有强烈爆炸性,爆炸指数高达38.8%。原井田范围内的柏家湾、柴林、海金、两丘田等小煤厂在开采过程中都先后发生过煤尘爆炸。

（6）煤层自然发火倾向性

金刚煤矿的煤层无自然发火倾向。

2.1.2　主采煤层厚度及顶、底板条件

金刚煤矿开采煤层为上三叠系须家河组（T_3xj）。须家河组共分六段，第一段、第三段、第五段和第六段为含煤段，共六层煤。由于第六段的 23 煤层和第五段的 14、12、11 煤层较薄，赋存差，无开采经济价值，所以金刚煤矿现开采煤层为第六段的外连、内连两煤层，都为矿井主采煤层。

23 煤层：位于须家河组第六段第四带（$T_3^{6-4}xj$），可采范围分布在何家湾 HⅦ号勘探线北至 H26、H25、H35 号钻孔略北一带，厚 0.07～0.93 m，走向长约 1 000 m，结构为单一煤层，仅 H14、H35 号钻孔含夹石一层，为深灰色泥岩，厚度为 0.03～0.10 m。

外连煤层：位于须家河组第六段第四带（$T_3^{6-2}xj$）上部，上距（$T_3^{6-3}xj$）砂岩 0～27.14 m。全区可采，煤层稳定，全层总厚为 0.24～1.69 m。有益厚度为 0.22～1.52 m，平均为 0.82 m，结构为复合煤层，含 1～3 层碳质泥岩（俗称硬心炭）。

内连煤层：位于须家河组第六段第四带（$T_3^{6-2}xj$）中上部，上距外连煤层 0.12～8.32 m，下距（$T_3^{6-2}xj$）底界 0～32.41 m，煤层稳定，全区总厚 0.08～1.61 m，平均 0.86 m，有益厚度为 0.08～1.61 m，平均为 0.81 m。煤层结构为单一煤层，只在 10 号勘探线以南为复合煤层，夹矸一层为泥岩、砂质泥岩或粉砂岩。

14 煤层：位于须家河组第五段（$T_3^{5-3}xj$）下部，上距（$T_3^{5-4}xj$）砂岩 0.80～22.77 m，平均为 10.70 m。为局部可采煤层，沿中山背斜约 4 000 m 为可采段，可采区段煤层有益厚度为 0.30～0.84 m，一般 0.65 m。煤层结构为单一煤层，仅在主平硐以南为复合煤层，夹矸 1～2 层，为泥岩或碳质泥岩。煤层顶板为泥岩、泥质

粉砂岩,底板为泥质粉砂岩、粉砂岩。

12 煤层:位于须家河组第五段($T_3^{5-1}xj$)上部,上距($T_3^{5-2}xj$)砂岩 1.80~16.63 m,平均为 8.79 m。为局部可采煤层,可采区段煤层有益厚度平均为 0.68 m。煤层结构为复合煤层,夹矸 1~2 层,厚 0.06~0.18 m,为泥岩。可采面积为 6.9 km²,长约 3 100 m,但分布不连续:一块在大垭口背斜以南,长约 2 000 m;另一块在 7~9 号勘探线一带,长约 1 100 m。

11 煤层:位于须家河组第五段($T_3^{5-1}xj$)下部,上距 12 煤层 12.8~33.79 m,下距($T_3^{5-1}xj$)底部 7.36~22.98 m,平均 20.38 m。全区厚度 0.10~1.17 m,平均 0.34 m。达可采厚度仅 3 个钻孔(H13:煤厚 1.17 m,H32:煤厚 0.40 m,H23:煤厚 0.49 m)。

2.2 工作面基本概况

-4111 工作面机巷作为沿空留巷的工业试验巷道,留巷成功后作为下区段工作面的回风巷道。-4111 工作面及两巷的基本条件如下。

2.2.1 地质概况

煤层为单斜构造走向 315°,煤层倾角最大 34°,最小 27°,平均 31°。煤层厚度最大 2.3 m,最小 1.63 m,平均厚度 1.9 m(含硬心炭),采高 2.8 m,稳定程度中等,密度 1.35 t/m³,结构方式外连煤与内连煤中间夹深灰色泥岩结构、夹煤线与软煤,由上至下由高碳质泥岩、煤(底炭)组成。而大致以风巷导 9 点—机巷导 13 点一线为界,高碳质泥岩向北逐渐递变为泥岩,厚度也逐渐变大,隔开了下面的底炭煤层。同时,底炭煤层随之变薄,造成此层失去开采价值。故在北段外连只由高碳质泥岩和一层煤组成。-4111 工作面外连煤层不含高碳质泥岩平均煤厚为 0.57 m,最小 0.35 m,最大 0.75 m;含高碳质泥岩平均煤厚为 0.94 m。外连伪顶和直接顶为深灰色泥岩,厚度 0.54～1.80 m,其上为一层平均厚 11 m 左右的粉砂质泥岩,由于与上段为冲刷接触,在工作面北区域被冲刷变薄。老顶为中粒砂岩,属于 Ⅳ～Ⅲa 类岩石,普氏系数为 6～8。外连底板为内连顶板,岩性为深灰色泥岩夹煤线,由南向北逐渐变厚,最厚为 1.75 m,最薄为 0.32 m,平均厚约为 0.57 m,属于 Ⅴa～Ⅴ 类岩石,普氏系数为 3～4。内、外连煤层间小于 0.5 m 以后将会采取内、外连合层综合机械化开采(风巷在导 8 点附近,机巷在 12 点附近)。-4111 工作面内连煤层也变为复合型煤层,中部被一层平均厚 0.17 m 的泥岩分开,上下煤层分别称之为上内连和下内连煤层。中间的夹矸由南向北逐渐变厚,下内连随之变薄,在北边上内连便成为了单一的内连煤层。递变的位置正好处于-4111 工作面内,所以煤层不是很稳定。工作面内内连煤层平均厚度为 0.85 m,最小 0.65 m,最大 1.12 m。内连伪顶为深灰色泥岩夹 1 层软煤,属于 Ⅴa～Ⅴ 类岩石,普氏系数为 2～4。内连底板为深灰色泥岩,属于 Ⅴa～Ⅴ 类岩石,普氏系数为 3～4。

2.2.2 地质构造

-4111 工作面构造简单,属中山背斜西翼,煤层大体向西北倾斜(产状:315°∠31°),机、风巷掘进过程中共揭露了 2 条逆断层。

2.2.3 水文地质

-4111 工作面当前风巷与 4115 机巷联络巷的位置有 100 m^3/d 左右的涌水,应为上阶段采空裂隙导通地面的下渗地表水。顶板滴水、淋水量 2～3 m^3/d。

2.2.4 瓦斯情况

本工作面属于-100 水平-411 采区合层北翼第一区段回采工作面。瓦斯等级:瓦斯矿井。瓦斯绝对涌出量:0.90 m^3/min,二氧化碳绝对涌出量:0.80 m^3/min。

3 沿空留巷围岩控制研究

3.1 沿空留巷围岩应力分布[25-26]

众所周知,用垮落法开采时,采空区顶板岩层从下向上一般会出现垮落带、裂缝带和弯曲下沉带。采用长壁工作面采煤时,沿回采工作面推进方向,垮落带岩层处于松散状况,上覆岩层大部分呈悬空状态(图 3-1 中的Ⅲ和图 3-2),悬空岩层的重力转移到工作面前方和采空区两侧的煤体上。此时采空区为低于原岩应力 γH 的应力降低区(图 3-1 和图 3-2 中 C),在工作面前方(图 3-1 中 B)和采空区两侧的煤体(图 3-2 中 B)上,出现比原岩应力大得多的增高应力($K\gamma H$),称为支承压力。回采引起的支承压力,不仅对沿空留巷围岩的稳定性造成很大危害,而且也严重影响布置在回采空间周围的底板岩巷和邻近煤层巷道。在回采引起的侧向支承压力作用下,沿空留巷巷帮煤体将会向巷道空间发生强烈位移,甚至会导致煤壁失稳。因此,研究支承压力的控制问题,减轻支承压力的危害和影响,对改善巷道维护状况有着极其重要的意义。

回采工作面后方,随着采空区上覆岩层沉降,垮落岩石逐渐被压缩(图 3-1 中Ⅳ)和压实(图 3-1 中Ⅴ),垮落带和底板岩层的压力恢复到接近原岩应力 γH(图 3-1 中 D),采空区两侧煤体的应力随之逐渐降低并趋向稳定。所以,煤体上的支承压力,应力增高系数 K,是随巷道某地段离正在推进的回采工作面的距离及采动影响时间的延续而变化的。

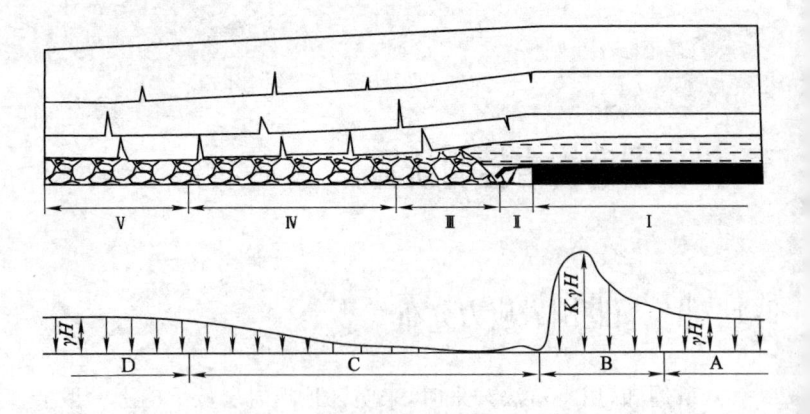

图 3-1 回采工作面前后方的应力分布

Ⅰ——工作面前方应力变化区；Ⅱ——工作面控顶区；Ⅲ——垮落岩层松散区；

Ⅳ——垮落岩石逐渐压缩区；Ⅴ——垮落岩石压实区；

A——原岩应力区；B——应力增高区；C——应力降低区；D——应力稳定区

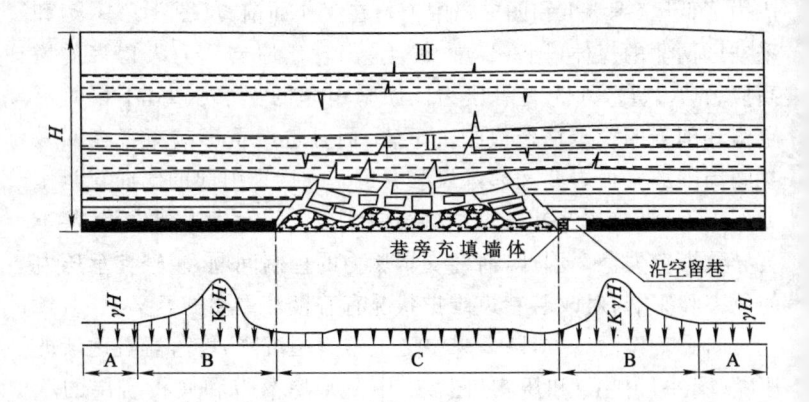

图 3-2 采空区两侧应力分布

Ⅰ——垮落带；Ⅱ——裂缝带；Ⅲ——弯曲下沉带

A——原岩应力区；B——应力增高区；C——应力降低区

沿回采工作面推进方向,回采空间前后的应力分布(图 3-1)与两侧煤体的应力分布(图 3-2)有密切关系,它们反映了采动引起的应力重新分布的基本状况,对研究沿空留巷的维护十分重要。研究由采空区上覆岩层的运动破坏引起的煤体上载荷增长、衰减和趋向稳定的过程,以及各个应力区的分布范围和持续时间,是沿空留巷围岩控制的重要依据。

在采动影响下,沿回采工作面推进方向,巷道顶板上方所受的垂直应力,随着与工作面的距离和时间不同而发生很大变化,一般都出现三个应力区,即远离工作面的前方,为未受采动影响的原岩应力区(图 3-3 中 A);工作面附近和前后是受采动影响的应力增高区(图 3-3 中 B);远离工作面的后方,是采动影响趋向稳定的应力稳定区(图 3-3 中 D)。应力增高区 B 由应力渐增、强烈和衰减三部分组成。在一般情况下,巷道围岩变形速度的变化情况与其所受的应力分布基本上是一致的。

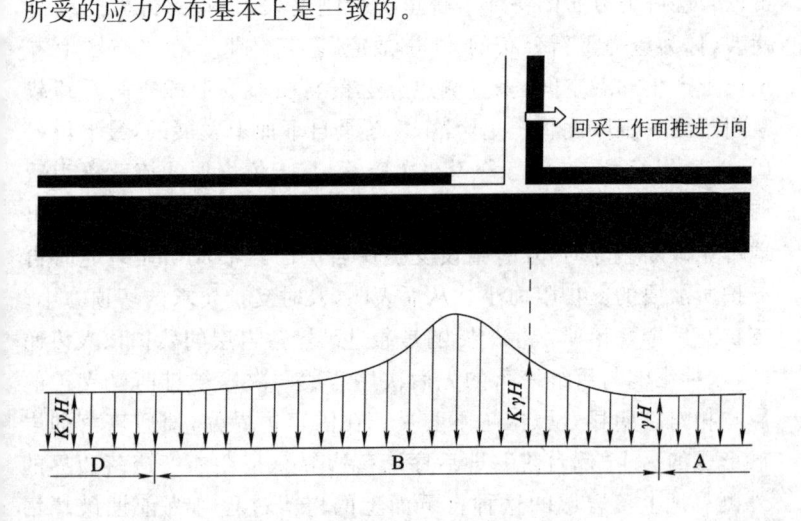

图 3-3　沿空留巷在回采工作面前后方的应力分布
A——原岩应力区;B——应力增高区;C——应力稳定区

回采工作对沿采空区保护的巷道（沿空留巷）的影响,实质上是在巷道周围形成了高应力场,从而改变了巷道受回采影响之前的应力状态,致使巷道的围岩应力再一次重新分布,塑性变形区扩大和周边位移显著增长。这个高应力场是变化的、不均匀的,它主要取决于巷道离回采工作面的距离、周围的采动状况,如巷道仅一侧采动还是两侧均已采空,附近正在回采还是采动已趋稳定,以及巷道与采空区边缘的距离,即巷旁支护墙体的宽度等[27]。

3.2　巷旁采空区顶板的运动规律[26-28]

研究表明,回采工作面推过后,按时间划分,顶板活动可划分为三个时期,即前期活动、过渡期活动和后期活动。煤炭被采出,相当于撤出了上覆岩层的部分支座,导致上覆岩层应力的重新分布。岩层应力分布的特征是哪里支护刚度大,分布到哪里的载荷就大,称为应力重新分布的"集硬效应"。其结果是在采空区上方顶板中产生卸载空间,采空侧边界上覆岩层形成加载空间。卸载空间达到一定限度将产生垮落,垮落是自下而上发展的,最下位岩层（或岩层组）首先垮落称为初次垮落,其上位岩层的垮落称为后继垮落。另外,要使岩层沿支护外侧——采空区侧切断,岩层未出现可见破断裂隙时,及时架设支护比岩层已经形成明显裂缝时再支护所需要的支护阻力小。从而表明,及时支护要求的切顶力小。支护对后继垮落所产生的影响是通过已垮落岩层的残护顶板传递的,这种影响与后继垮落的先后次序有关。次序越排前受支护的影响相对越明显,反之,越不明显。在固定边界处,前后垮落的岩层形成的一个"倒台阶",即后序垮落边界总是在前序垮落边界的外侧。把上覆岩层的这种自下而上的垮落过程称为前期破坏活动。通过改变边界支护方式能够改变下位岩层（尤其初次垮落岩层）的垮落边界位置,进而改变整个垮落线的位置。这种特点是研究沿空留巷支护对围岩前期作用的重要依据。

随着垮落层位的不断提高,固定边界已垮岩层残护边界由承载状态转入了加载状态。当加载达到一定程度,即达到下位岩层整个残护边界的总极限承载能力时,残护边界就会产生过渡期破断,过渡期破断不同于前期破断,除下位冒落带所对应的那部分的岩层之外,其余岩层都受到前期破断岩层结构和未垮岩层的夹持作用,下沉受到制约。过渡期破断的破断线不是一条,而是多条且分布在一个区域上。

由于前期垮落的岩层已受到一定程度的压实,并在边界处形成了稳定结构,这种边界结构构成了过渡期破断岩层的"支座"。当这种支座的刚度等于或大于煤体的刚度时,上覆岩层的下沉将以平移甚至反转的形式下沉。上覆岩层的这种下沉会加剧煤帮的挤出,增大底鼓量。

随着"过渡期垮断"的发展,已经稳定的岩层上方平衡的未垮岩层还会失去平衡,产生下沉。把上覆岩层的这种活动叫做上覆岩层的"后期活动",后期活动会加剧沿空留巷上覆岩层的平移下沉以及巷道煤帮的挤出,使巷道煤帮内的支承压力范围加大。巷道支护(包括巷旁支护体)顶不住由于岩层后期活动而引起的平移下沉。在后期活动过程中,改变支护阻力的大小,对上覆岩层的平移下沉几乎没有影响。平移下沉具有"给定变形"特点,此时支护载荷完全取决于有效支护刚度的大小,有效刚度越大,载荷也越大,将这个规律称为"硬支多载规律"。分析表明,设计沿空留巷最大支护载荷主要以上覆岩层的前期规律为依据。

3.3 沿空留巷顶板控制理论[26,29-40]

3.3.1 煤巷顶板的预应力结构理论

传统的支撑式巷道支护是从围岩外部承受围岩压力,而锚杆则是在围岩内部进行加固,形成了"围岩-锚杆"的整体承载结构,并充分发挥围岩的自承能力。这是关于锚杆支护的经典论述,但整体承载结构的形成不是没有条件的,大多数普通锚杆(无初锚力或初锚力极低)和围岩不能形成承载结构。

巷道开挖后在围岩变形很小时(约在破坏载荷的 25% 以下),脆性特征明显的岩体就出现开裂、离层、滑动、裂纹扩展和松动等现象,使围岩强度大大弱化。如果巷道开挖后立即安装锚杆,但未施加预拉力,由于锚杆极限变形量大于围岩极限变形量,又由于各类锚杆都有一定的初始滑移量,因而锚杆不能阻止围岩的开裂、滑动和弱化。只有当围岩的开裂位移达到相当的程度(在钢筋混凝土中达到极限载荷 60%~75%)以后,锚杆才起到阻止裂纹扩展的作用,这时围岩已几乎丧失抗拉和抗剪的能力,加固体的抗拉和抗剪能力主要依赖于锚杆。也就是说,这里围岩和锚杆不同步承载,先是围岩受力破坏,达到一定程度,锚杆才开始承载,在开采深度不大和非强烈构造应力区,这种矛盾常常不突出,因为支护的成功掩盖了问题的实质。如果在安装锚杆的同时,立即施加足够的预拉力,不仅消除了锚杆支护系统的初始滑移量,而且给围岩一定的预压应力,改善围岩的应力环境:对于受拉截面来说,可以抵消一部分拉应力,从而大大提高抗拉能力;对于受剪截面来说,由于压应力产生的摩擦力,大大提高了加固体的抗剪能力。因此及时施加预应力直接避免巷道围岩过早出现张开裂缝,可以大大减缓围岩的弱化过程。岩体利用自身强度及时参与承载过程,即形成整体承载结构,保证了巷道的长期稳定。

如果施加的预应力合适,可以保证围岩和锚杆结构同步承载,即形成整体的承载结构,这就是煤巷预应力结构理论的实质,即通过支护构件主动施加一种作用力,从而使围岩和支护构件在掘巷之初即能够形成共同承载的结构。预应力结构的形成对于控制深部巷道围岩的长期流变效应至关重要。

3.3.2　巷道围岩应力场优化理论

在宏观区域应力场已确定的情况下,只有从巷道所处的周围岩层环境中去降低其应力强度,即从微观应力场的角度改善巷道周围岩层的应力强度,使巷道处于相对有利的维护环境。要达到这一效果,只能通过支护手段改善这个微观应力场。研究和实践表明,巷道周围岩体相对破碎,采用超强锚杆通过施加高预应力及高刚度附件,最大程度地挤压紧固巷道围岩,消除围岩中的弱面和空隙,提高岩层的整体承载强度,形成具有一定强度和刚度的承载层,并使得上覆岩层的垂直应力向巷道两侧深部岩层转移,同时有效抵抗和平衡巷道周围水平高应力对围岩的剪切作用,有效改善巷道周边微观应力场,优化围岩浅部应力环境,促使围岩由两向应力状态向三向应力状态转化,这是巷道周边围岩微观应力场优化的最有效手段。

3.3.3　锚杆承载性能强化理论

当巷道周围层状岩体受到采掘工程影响后会产生两方面的反应:一是由于各个岩层的刚度不同产生沿垂直层面方向上的离层膨胀;二是沿层面方面的相对剪切滑移。如果支护不力巷道就会产生两种变形:即巷道围岩的结构变形和岩层的松散扩容变形。理论和实践观测表明,结构变形通常占整个变形的 40%,而松散扩容变形则占到整个巷道变形的 60%。巷道的开挖使得围岩原始应力场遭到破坏,围岩自身的自组织功能使得围岩相互影响和作用,岩层发生一定的结构变形是在所难免的。结构变形只要发生在一定的范围和尺度内,围岩整体结构就稳定,而且这种结构变形可以通过锚索和桁架支护技术得到控制。而岩层的松散扩容变形主要发生在巷道浅部围岩,是由卸荷作用造成的。如果得不到及时有效的支护,这种松散扩容变形将很快演变为围岩的破裂和垮冒,只有通过提高围岩的初始支护强度,这种松动扩容变形才能得到有效控制。

研究表明,当锚杆的预紧力达到 70～80 kN 时,围岩的浅部松动基本可以消除。研究认为,初期施工锚杆的支护强度(预紧力)与巷道围岩的松散扩容变形之间的关系如图 2-4 所示。当锚杆的初始支护强度小于 0.1 MPa 时,松散变形随初始支护强度的增大下降速度很大;初始支护强度界于 0.1～0.3 MPa 时,松散变形随初始支护强度的增大下降速度相对减小,但仍在明显下降;而当初始支护强度超过 0.3 MPa 时,松散变形随初始支护强度的增大基本没什么变化。因此可见,煤巷锚杆支护对围岩的初始支护强度应达到 0.3 MPa。按照目前锚杆通常的间排距布置方式,每根锚杆的预紧力应在 100 kN 左右才能保证实现这个效果。而目前大多数情况下锚杆仅有 20～30 kN 的预紧力,这是远远不够的。

因此,煤巷锚杆支护技术的发展已经不再单纯强调锚杆的强度,综合强化锚杆支护的承载特性是锚杆支护的发展方向,其本质是促使其锚杆支护特性曲线具有早期强度高、增阻速度快的特性,如图 3-4 所示。

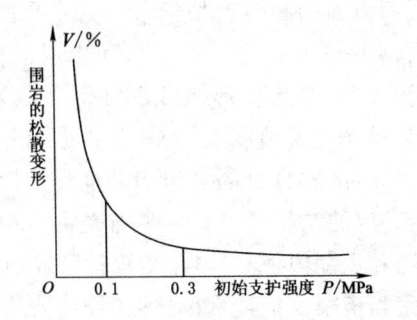

图 3-4　扩容变形与初始支护强度之间的关系

典型的支护围岩特性曲线如图 3-5 中曲线 1 所示,巷道围岩

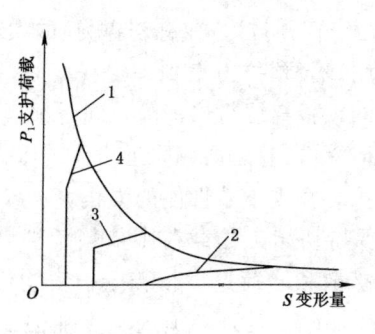

图 3-5 支护阻力与围岩变形关系

压力随围岩变形而急剧衰减,适当滞后支护可以释放一定的围岩压力,但支护的滞后常常产生松散变形。通过及时支护的高预拉力锚杆提供初期的支护阻力消除掘巷煤岩体松散变形,通过高刚度的护表材料及锚杆附件促使锚杆在后续围岩变形过程中实现高增荷特性,很快达到较高的工作载荷,限制后续的围岩变形。如图 3-5 中曲线 4 所示,实现了及时、高初锚力、高增荷特性,进而达到高工作荷载,可以控制留巷巷道在掘进期间的变形;锚杆施工安装时间滞后一些,增荷速度低一些,最终形成的工作荷载也降低,掘巷期间的围岩变形就大一些,这是目前支护实践常见的现象,如图 3-5 中曲线 3 所示;支护在围岩充分松动变形以前不起作用,壁后很空,和围岩接触不好的 U 型钢支护类似这种状况,如图 3-5 中曲线 2 所示。掘巷期间围岩变形很大,留巷时顶板松动、离层,极易在实施留巷施工时垮冒,常常需要先期注浆固结顶板区域,施工难度大,巷道变形严重,留巷困难。

　　沿空留巷支护不仅经历强烈动压影响,而且需长期维护,这对掘巷阶段的变形控制提出了更高的要求。为实现图 3-5 中曲线 4 的工作特性曲线,即以高强锚杆为基础以高预紧力为核心的"三高"锚杆支护才能满足沿空留巷对支护的要求:

① 高预拉力:锚杆预拉力(或称初撑力)的大小对顶板稳定性具有决定性的作用。当预拉力大到一定程度时,锚杆长度范围内和锚杆长度以上的顶板离层得以消除。同时顶板的垂直压力被转移到巷道两侧岩体深部,巷道两侧附近岩体的压力减小,片帮现象缓和。通过高预拉力实现承载性能的强化。

② 高刚度:保持初始工作载荷则依赖于护表材料的性能,锚杆载荷向围岩的扩散和增荷速度依赖于护表构件的刚度,因此护网、托盘和钢带的抗变形能力必须进一步加强,并适应强动压影响,达到高增阻限制变形的工作状况。

③ 高强度:由于强烈动压影响,高预拉力锚杆载荷增加很大,杆体及配套螺母、托盘强度必须适应动压大变形的特点,锚杆在高预拉力的基础上,进一步实现高阻让压的工作状态,限制围岩变形。

(4)破裂围岩体强度强化理论

煤层巷道围岩强度一般都较低,开挖以后必然产生一定程度的破坏,浅部的围岩处于低围压破裂状态,承载能力很低,在根本上决定着巷道围岩的稳定性。只有对巷道周围低围压破裂岩石进行有效加固,才能提高巷道围岩的承载能力和稳定性。通常采用锚杆和注浆两种方式进行加固。

① 锚杆加固

围岩强度强化原理揭示了锚杆支护对锚固范围岩体峰值强度和残余峰值强度的强化作用以及对锚固体峰值强度前后的弹性模量、内聚力、内摩擦角等力学参数的改善,分析了锚固体强度强化后对巷道围岩塑性区和破碎区的控制程度。

在巷道周边低围压条件下,岩体强度随围压的逐步增大而呈急剧增长趋势,所以,要想提高破碎岩体的承载强度,就必须增大其围压,从岩层内部增大其承载能力。相对被动作用的 U 型棚支护,主动作用的锚杆支护就是早期快速增大围压的最有效方式。

在破裂岩石中安装锚杆之后,改善了破裂岩体的应力状态,其承载性能明显增大。破裂岩体中采用锚杆加固具有几个方面的作用:

a. 从结构面剪切破坏角度分析,锚杆加固具有抗剪阻滑的作用;

b. 从脆性断裂强度理论分析,它具有降低裂隙间应力强度因子,阻碍裂隙扩展的作用;

c. 从节理岩体的岩桥强度理论分析,它具有增强节理岩体的裂隙前缘岩桥的断裂韧度的作用,使裂隙断裂扩展力不仅要克服岩桥的阻力,还要提供锚杆索的桥联作用,因而阻止了裂隙进一步的扩展和贯通。

② 注浆加固

破裂岩体表现出明显的结构效应,在滑移变形过程中产生显著的剪胀现象,随时间延续表现为强烈的体积膨胀。在高地应力作用下,开掘导致应力状态转化过程(由三维向二维转化)中巷道岩体大范围破坏,同时巷道轴向约束并未因开挖而产生较大改变,这就导致破裂岩体向巷内自由面变形,破裂后围岩主要受结构面控制,表现为沿结构面向低约束方向的滑移,因此巷道易发生顶板冒落和底鼓。另一方面破裂岩体在低围压下强度低、变形大,对深部围岩的约束压力较小,高地应力或动压作用下深部岩体进一步被破坏,形成渐进破坏的动态循环,变形持续扩大,因而破裂岩体性质决定了高地应力软岩巷道的大变形特征。注浆固结较破裂岩体后其强度和抗变形性能明显提高,因此在掘巷导致的围岩破裂圈基本形成后,对其进行注浆加固,可以大大提高围岩承载力,改善围岩稳定性,同时注浆固结体良好的适应变形的能力,使其在相当大的变形范围内保持承载能力。实践表明,适时滞后注浆控制围岩效果显著,但由于水泥类材料与岩体的低黏结性能,注浆固结体并未从根本上改变破裂岩体的力学性能,破裂岩体的破坏形式和变形性能与含弱面的裂隙岩体类似。固结体强度较完整岩石仍相差较大,掘巷后即开展注浆不仅由于围岩破裂不充分、渗透性差而导致注浆困难,同时高地应力场中强烈的围岩应力调整也会将固结岩体破坏而使其失去加固作用,即注浆固结体的承载和变形能力仍是有限的,常由于采动影响和工程扰动而遭到破坏。因而利用注浆加固技术能够在一定程度上控制巷道围岩变形,但必须把握滞后注浆时机,并与其他支护技术相结合。

(5)巷道围岩结构强化理论

① 顶板的安全控制

高性能预拉力锚杆的高张拉力支护可完全克服松动岩体的自重,阻止围岩的进一步松动,消除岩体松散变形,改善锚杆增阻性能,提高锚杆的支护能效;小孔径预拉力锚索则可以充分利用深部围岩的强度和稳定性,增大锚固范围,消弱层状顶板的剪切破坏作用,消除顶板的渐次离层和垮冒;利用巷道的特殊围岩结构和帮角稳定围岩区,采用小孔径预拉力钢绞线桁架系统强化顶板承载结构,确保顶板结构稳定。

② 弱化区的补强

煤巷围岩层状赋存,两帮煤体是天然的软弱部位。由于赋存的不均匀性,煤巷客观上存在弱化区,必须针对性补强,以减弱或控制这些区域的松动变形破坏,维留巷道围岩的整体承载性能。

③ 关键承载区的加强

在深井高地应力区开挖巷道,在采动应力场、湿度应力场和岩体结构的共同作用下,围岩由整体性压缩向局部性扩张转化,直到新的动态平衡。这些局部性扩张转化的区域就是关键承载区,比如顶板的中部、不规则断面的高帮中上部位,等等。在这些关键承载区的动态变化过程中,巷道围岩力学行为和各个方面均表现出相应的特殊而复杂的特征。必须强化关键承载区的支护强度,促成支护围岩整体承载结构的形成或强化,以多层次的联合支护来实现支护体和围岩间的主动和被动的相互作用。

3.4　巷旁墙体对围岩控制的作用[26,41-42]

巷旁墙体随回采工作面的推进而间续逐段实施,其作用与工作面后方沿空留巷侧的顶板运动规律密切关联。顶板前期活动阶段以旋转下沉为主,来压强度较小,巷旁墙体的作用力主要是平衡巷道上方直接顶及其悬臂部分岩层的重量。为保持巷道顶板的完整性,增加直接顶的自稳能力,要求巷旁墙体与巷内支护共同作用,保持直接顶与基本顶的紧贴。

顶板岩层过渡期活动阶段,基本顶破断、失稳、旋转下沉剧烈。由于直接顶及一定范围内的基本顶垮落破碎,体积增大,巷旁墙体支护采空区后,减少了冒落矸石与基本顶之间的间隙,为基本顶形成稳定结构提供了条件。但在基本顶岩块的"大结构"形成之前,巷旁墙体应具有足够的可缩量以适应基本顶的回转。通过适当的下缩让压,充分发挥围岩(基本顶岩梁及冒落矸石)的承载能力,这也是支架围岩共同作用的体现。同时,巷旁墙体还应具有足够的支护阻力参与顶板运动及平衡,以缩短过渡期顶板剧烈活动的时间,减缓留巷顶板过大的下沉量。

基本顶岩块形成"大结构"后,顶板岩层进入后期活动阶段,巷旁墙体的作用是维持基本顶"大结构"的稳定,其临界支护阻力为平衡冒落带对应范围内的岩层的重量。近期的研究表明,当巷旁支护能够及时支撑顶板,并且有较高的承载能力,能够适应"硬支多载"的顶板下沉规律时,巷旁支护可以促成基本顶沿巷旁墙体的边缘切顶,使侧向顶板及时及早垮冒,从而形成对巷道维护有利的外部结构环境,减缓巷道的动载,沿空留巷很快进入稳定状态,因此早撑、早强、大刚度的巷旁墙体是沿空留巷的关键技术。

3.5 掘进基本支护控制

掘进时巷道支护如图 3-6 和图 3-7 所示。顶板采用锚网索联合支护,锚杆间排距均为 0.9 m,锚杆长为 2.3 m,直径为 18 mm,托板规格为 120 mm×120 mm×8 mm。锚索间距为 3.6 m,排距为 1.5 m。锚索长度为 5.25 m,直径为 15.24 mm,锚索托板规格为 400 mm×200 mm×20 mm。巷道上帮自轨面上 1 m 采用管缝式锚杆加锚网进行支护,管缝式锚杆长度为 1.5 m,直径 35 mm,间距为 0.8 m,排距为 0.9 m。若遇顶板破碎,锚杆间排距缩小为 0.8 m。锚杆锚固长度为 0.5 m,树脂锚固剂型号为 MSK2350,锚固力不小于 120 kN;锚索锚固长度为 1 m,预紧力不小于 100 kN,不大于 120 kN。

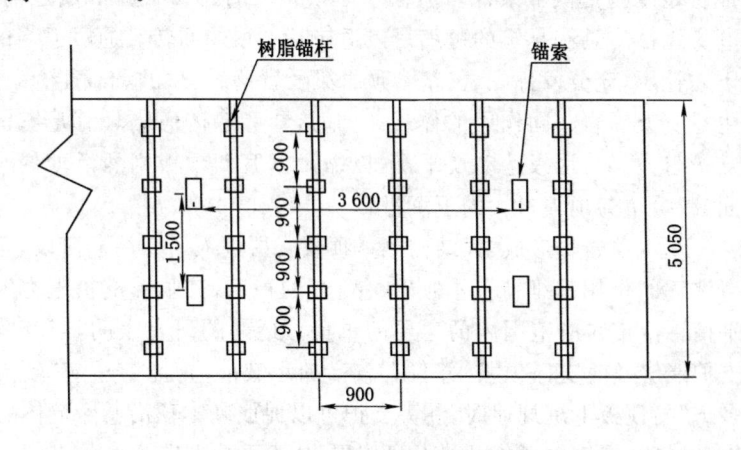

图 3-6 顶板锚杆、锚索布置顶视图

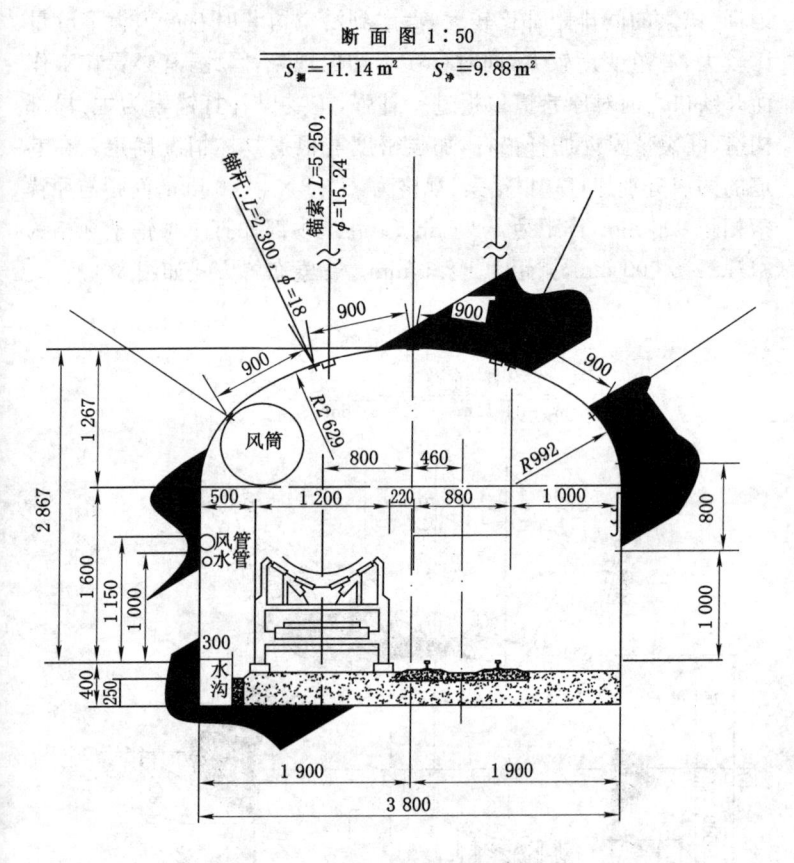

图 3-7　掘进期间巷道支护剖面

3.6　沿空留巷前超前补强支护控制

3.6.1　顶板补强

由于－4111 机巷掘进时在巷道顶板中部只打了两排锚索,且锚杆、锚索的间排距都比较大,考虑到沿空留巷时巷道顶板下沉量比较大,巷道变形较大,同时存在不均匀现象,因此,有必要在工作面开缺口之前对原巷道顶板进行补强,主要以补打锚索为主,局部构造、断裂带附近加打锚杆,加强密度需根据具体情况确定。在巷道的两肩分别加打一根锚索,规格为 $\phi 17.8 \times 4\,000$ mm,间距与原锚索相距 900 mm,排距为 1 800 mm。巷道中部加打一根锚索规格为 $\phi 17.8 \times 6\,000$ mm,排距为 1 800 mm。锚索布置方式如图 3-8 所示。

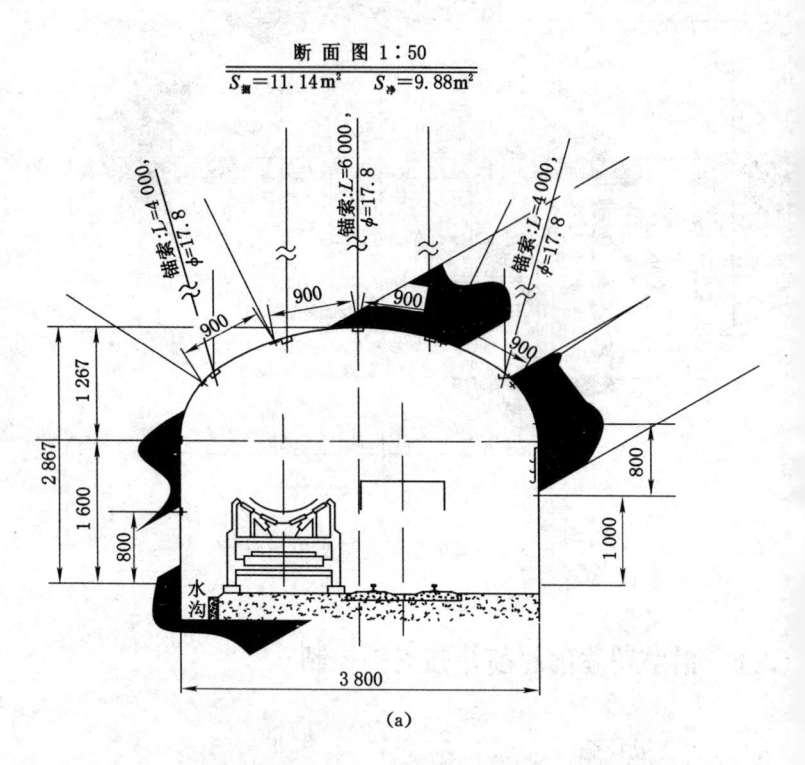

(a)

图 3-8 留巷施工期间巷道围岩补打锚杆、锚索布置剖面图

3.6.2　帮补强

由于留巷后巷道压力增加,为了增加煤帮的稳定性并防止片帮,在实体煤侧的巷帮(下帮)加挂塑料或金属网并加打两排锚杆,分别打在巷帮高度为 800 mm 和 1 600 mm 处,排距为 900 mm,但如遇断层或破碎地段,支护效果变差则需根据情况加密锚杆支护,如图 3-9 所示。

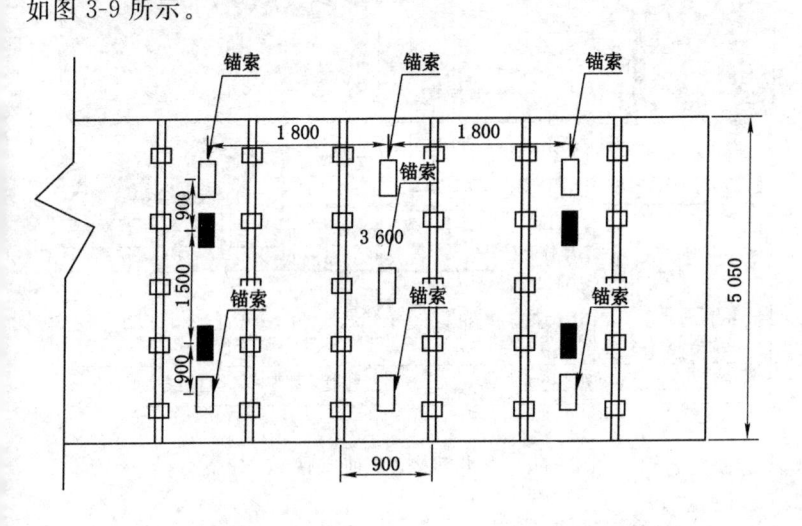

图 3-9　留巷施工期间巷道围岩补打锚索布置顶视图

3.7　下出口及前后方巷道支护控制

3.7.1　下出口支护

在工作面下出口内连煤层和下内连煤层中掘超前缺口,内连煤层顶板作为超前缺口的顶板。超前缺口参数:长不小于 2 400 mm,宽不小于 2 400 mm,高约 1 400 mm(以取完内连煤层为准),

支护参数：采用单体支柱配铰梁支护，单体支柱柱距 600 mm，排距 750 mm，单体支柱必须有 3°～5°的迎山角，铰梁必须全部铰接，如图3-10所示。

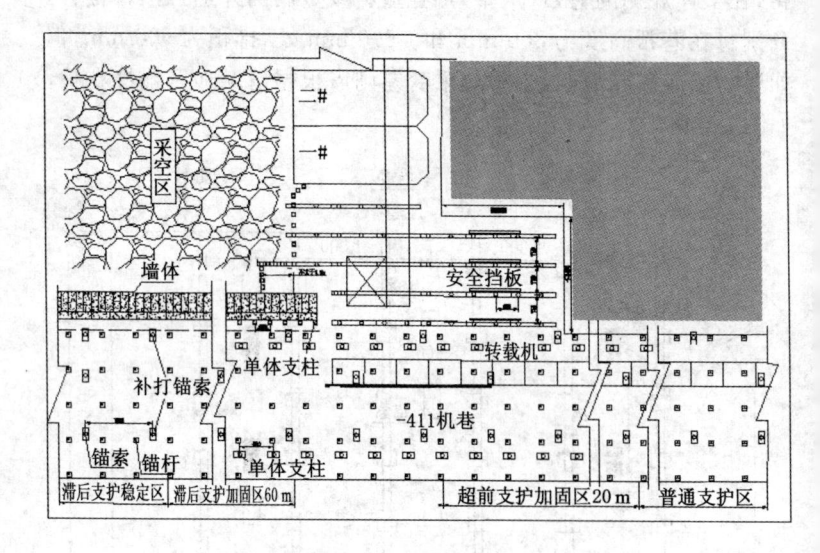

图 3-10　下出口及巷道前方后支护控制

3.7.2　下出口巷道支护

根据《煤矿安全规程》规定，结合－4111 工作面沿空留巷的实际需要，下出口煤壁前方 20 m，后方至少 100 m 范围内，采用两排单体支柱加强支护，柱距 800 mm，如图3-10 所示。

4 沿空留巷巷旁软顶拱形断面钢筋网托顶控制技术

4.1 沿空留巷拱形断面确定

沿空留巷的断面通常有两种形式:一种是梯形断面,另一种是拱形断面。梯形断面大多沿顶板掘进,这样不破坏顶板岩层的完整性,有利于保持顶板的稳定;拱形断面受力状态好,同样断面积的巷道,圆拱形断面中心点的拉应力仅有梯形断面中心点的十八分之一。基于上述原因,现场选择回采巷道断面时主要根据岩层性质和结构来确定:当顶板岩层为相对稳定的岩层时,选择梯形断面的较多;而当顶板岩层不稳定或为软弱岩层时,尤其需要工字钢棚支护时,选择拱形巷道较为有利。

金刚煤矿－4111 工作面顶板岩层以砂质泥岩、泥岩为主,岩石强度低,且受力后极易破脆。根据金刚煤矿多年的实践经验,对于该类巷道,沿空留巷断面以拱形断面较好。图 4-1 所示为该矿3119 工作面机巷沿空留巷,顶板条件和－4111 工作面类似,由于选择了梯形断面,顶板破坏严重。

综上所述,－4111 工作面沿空留巷确定为半圆拱形巷道。

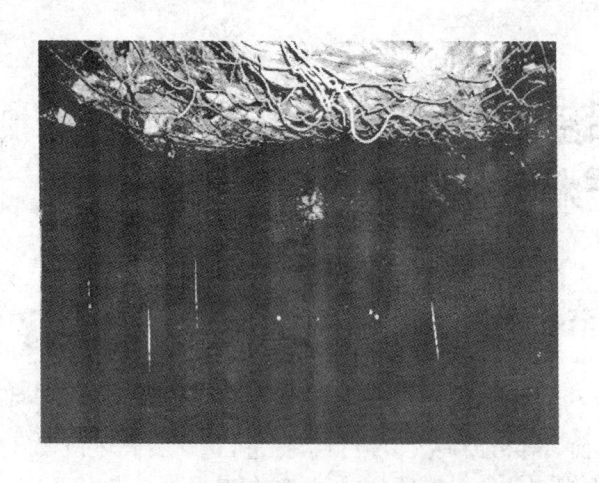

图 4-1　3119 工作面机巷(普通混凝土砌块)梯形断面沿空留巷

4.2　钢筋网托顶巷旁支护技术

4.2.1　巷旁支护托顶布置方式

一4111 工作面开采煤层包括内连煤层和外连煤层,内连煤层又分上内连煤层和下内连煤层,外连煤层的顶部还有一层俗称"硬心炭"的高碳质泥岩,因此,煤层结构十分复杂,参见第 2 章中图 2-2。根据煤层厚度、结构和巷道断面形状,巷旁支护有下面三种形式,如图 4-2 至图 4-4 所示。

如图 4-2 所示,工作面下出口不降低高度,巷旁墙体码砌到外连煤层顶板,和开采高度一致,平均墙高 2.8 m。很显然,砌体的这种布置方式有很多缺点:成本高、工程量大、进度慢、施工困难,而且墙体上部受力压迫拱顶,不利于沿空留巷的稳定。

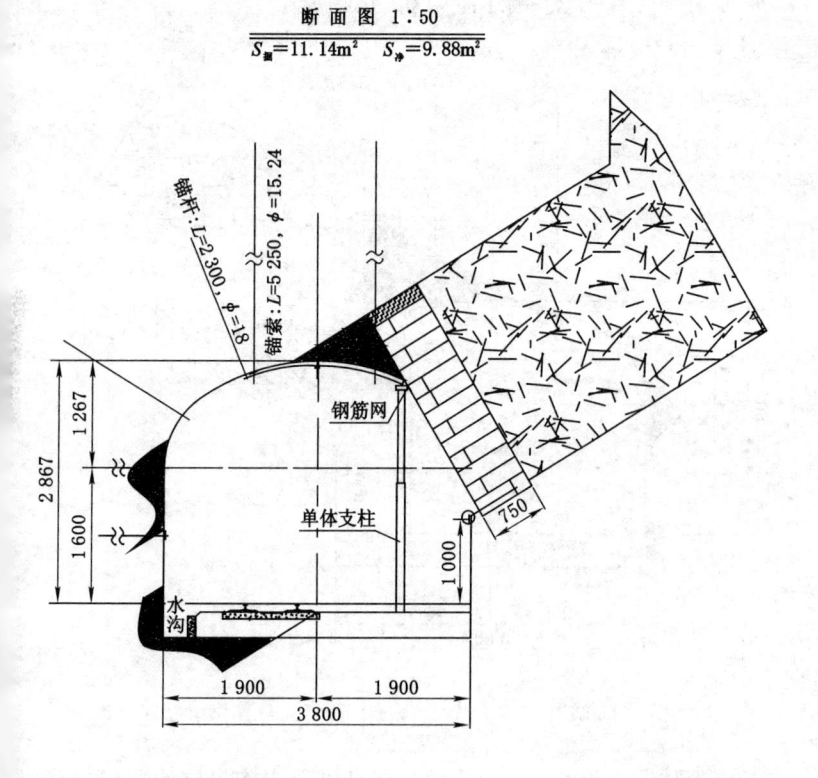

图 4-2 砌体布置方式一:下出口不降低,墙体沿开采顶板码砌

如图 4-3 所示,工作面下出口适当降低,降低位置大致处于墙体和拱形巷道弧形相交处,基本处于外连煤层底部,该方式最突出的缺点就是砌体上方的顶煤很难控制,极易破碎漏空,使墙体"蹬空"失去支撑,也使巷道锚网支护失效,极不利于沿空留巷稳定。

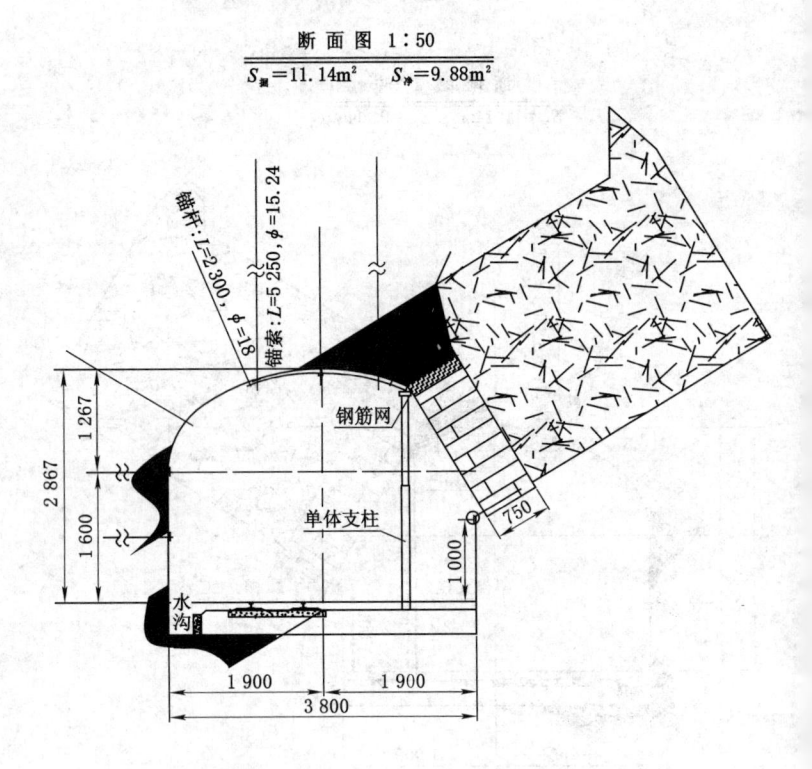

图 4-3　砌体布置方式二：下出口降低到外连煤层底部

　　如图 4-4 所示，工作面下出口降低到上内连煤层的顶板，墙体沿上内连煤层的顶板码砌。首先，内、外连煤层之间的泥质岩夹矸相比煤炭强度要高，稳定性也好很多，利于墙体的稳定；其次，下出口降低到该位置后，墙体高度平均只有 1.4 m，不仅工人码砌工程量少了很多，而且由于宽高比增加，更利于墙体的稳定；再次，下出口降低后，巷道断面形状基本上仍保持了拱形状态，十分有利于巷道受力，对沿空留巷的稳定和成功具有十分重要的作用。

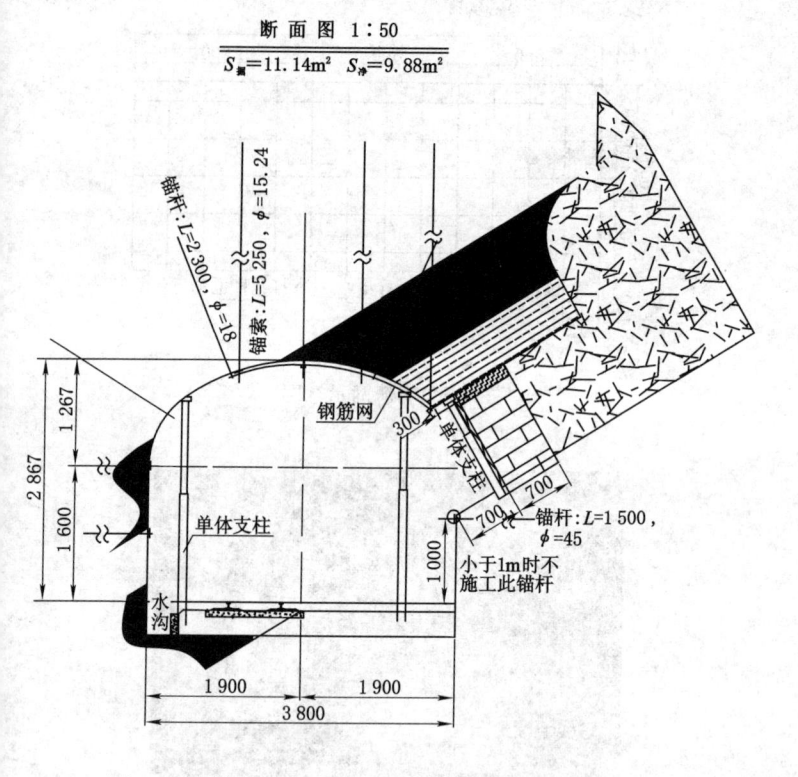

图 4-4 砌体布置方式三:下出口降低到上内连煤层顶板

综上所述,－4111 工作面沿空留巷墙体布置形式采用第三种方式。

4.2.2 下出口拱顶部钢筋网托顶支护

由于下出口降低,在缺口开出来以后,需要在巷道内采用锚杆配钢筋网重新支护拱形巷道的左侧拱顶部。锚杆参数:800 mm×1 000 mm,钢筋网规格:2 600 mm×1 000 mm(长×宽)的钢筋网,钢筋直径 8 mm,如图 4-5 及现场图片图 4-6 所示。

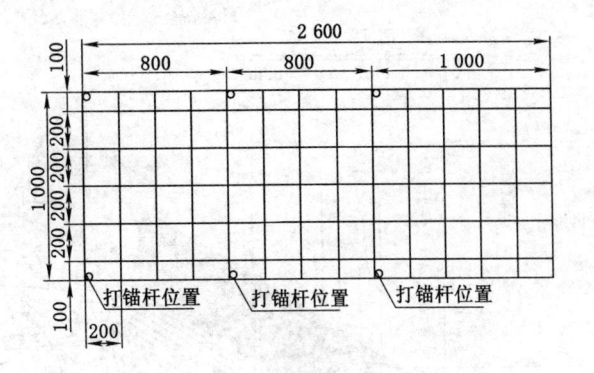

图 4-5　钢筋网示意图

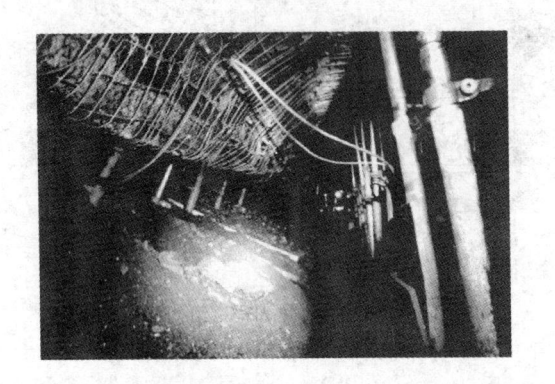

图 4-6　－4111 机巷超前支护关键技术及超前缺口现场图片

4.3　巷旁支护方案确定

4.3.1　方案形式

我国沿空留巷巷旁支护的方式虽然不少,但达竹矿区煤层地质及赋存条件复杂,矿井规模都比较小,产量低,推进慢。因此,投资大、设备多且工艺复杂的沿空留巷方式并不适合达竹矿区及金刚煤矿。针对金刚煤矿－4111 工作面的具体地质及生产技术条件，结合达竹矿区多年沿空留巷的经验，提出了两种沿空留巷巷旁支护方法，方案具体如下：

(1)"L"型网挡矸工字钢点柱巷旁支护方案

在工作面超前位置采用爆破的方式把原来拱形巷道拱部的外连煤层取下，重新施工锚杆，利用倾斜煤层顶板活动规律在采空区下方固定一排"L"型金属网并用单体支柱和工字钢做辅助支护和挡矸。在"L"型金属网外支设一排工字钢点柱和两排单体液压支柱。待采空区冒落的矸石将采空区下部充满填实，利用矸石承受顶板压力，从而减轻巷内的矿压显现。为防止采空区的矸石窜入巷道内，在需要时在"L"型钢筋网内铺设菱形锚网。根据不同的矿压显现对工作面机巷及沿空留巷段实施不同的支护，如图 4-7 所示。

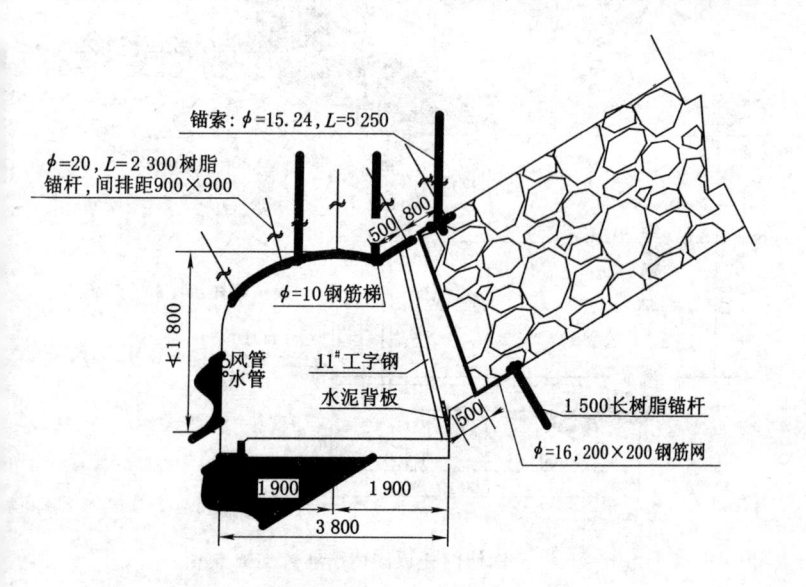

图 4-7 L 型网挡矸工字钢点柱巷旁支护方案

（2）钢筋网托顶混凝土砌块巷旁支护方案

在超前缺口位置对拱形顶板上帮进行钢筋网托顶,锚杆锚索补强支护。超前缺口只取内连和下内连煤层,把预留的钢筋网包住夹矸与巷道的转角,护住夹矸和外连煤层保持拱形的完整性,并采用单体支柱压紧在铰接顶梁上面,待砌墙体时,预留钢筋网在墙体与顶板之间,形成钢筋网托顶混凝土砌块巷旁支护沿空留巷支护方式。另外,在下出口向上 3 m 处施工预裂爆破眼爆破切顶卸压,在下帮施工帮锚。根据不同的矿压显现对工作面机巷及沿空留巷不同地段实施不同的支护,如图 4-8 所示。

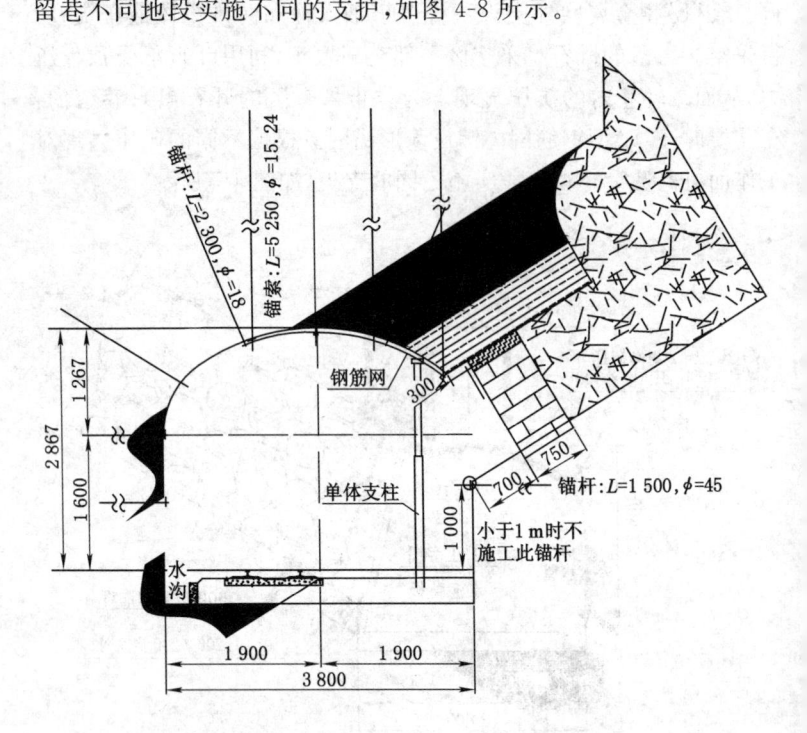

图 4-8　钢筋网托顶砌体墙巷旁支护方案

4.3.2 巷旁支护承载分析

沿空留巷顶板是整个采场围岩的一部分,其活动规律必然受到整个采场围岩活动的制约。采空区上覆岩层由下到上为裂缝带和弯曲下沉带。巷旁支护载荷主要从顶板前期活动阶段来分析计算。顶板在前期活动主要以旋转下沉为主,充填体的支护主要为平衡巷道上方直接顶及部分悬臂岩层。随着顶板岩层继续活动,基本顶发生破断、失稳、旋转下沉,巷旁充填体所需提供的支护阻力主要是为了平衡维护空间(包括充填体、巷道及弯曲下沉带)所对应的直接顶及断裂的基本顶。一般情况下,因直接顶垮落破碎,充填采空区后,为基本顶形成稳定结构提供了条件,即基本顶岩块的"大结构"形成之前,充填体须具有足够的支护阻力参与顶板运动及平衡。但最不利情况是基本顶断裂后不能形成自稳结构,此时充填体所需的支护阻力最大。也就是直接顶和基本顶重量全部加载到充填体和另一侧煤体上,并将其视为简支梁模式,此时的巷旁支护体需承受的载荷(支护阻力)可通过第5.1.2章节的支护阻力方法计算,计算结果为 3 795 kN/m。

4.3.3 沿空留巷受力分析

4.3.3.1 方案一

(1)工字钢点柱受力分析

根据材料力学理论计算 11# 工字钢点柱的工作压力,11 号工字钢点柱可以看做是一个承受顶板压力的压杆(见图 4-9),据欧拉公式可计算压杆的临界压力。

欧拉公式:

$$P_{11} = 3.14^2 EI/(Ul)^2$$

式中　P_{11}——压杆的临界压力,kN;

　　　E——工字钢弹性模量,取 206 GPa;

　　　U——压杆系数,取 2.0;

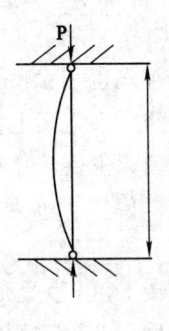

图 4-9　工字钢杆件纵向弯曲图

　　l——压杆长度，取 2 800 mm。

　　经计算：$P_{11} = 82.7$ kN。

　　根据压杆稳定条件：

$$P \leqslant P_{11}/n_w$$

式中　　P——压杆的工作压力，kN；

　　　　n_w——规定的安全系数，取 2.0。

　　则　　　　　　　　$P \leqslant 41.3$ kN

　　工字钢点柱间距 0.6 m，而根据上面的计算沿空留巷巷旁支护阻力为 3 795 kN/m，单根点柱需要承受压力为 2 277 kN，远远大于 41.3 kN，所以工字钢点柱必然要弯曲变形和破坏，因此，仅靠工字钢点柱作为巷旁支护是不能保证巷旁支护强度的。实际上，工字钢点柱主要是作为挡矸用途的，支撑顶板的巷旁支护强度必须依靠堆积在工字钢点柱侧的采空区顶板垮落矸石提供，如图 4-7 所示。因此，方案一的沿空留巷效果取决于 L 网挡矸点柱采空侧的矸石堆积的紧密程度，而垮落矸石能否堆积紧密受到煤层倾角、顶板岩性等很多因素的影响；并且由于矸石本身支撑力较小，散体堆积空隙度高，因此，受力后可压缩量大。所以，该类型沿空留巷的变形量通常都较大，复用时维修量也大。

金刚煤矿－4111 工作面煤层倾角 27°～34°,而垮落矸石的堆积角大多在 30°～40°以上,因此,采用方案一,煤层平均角度最好在 35°～40°以上。

(2)巷内顶板岩梁受力分析

如果采用方案一,必须在工作面超前位置采用爆破的方式把原来拱形巷道拱部的外连煤层取下,重新施工锚杆,并打上工字钢和单体支柱,如图 4-7 所示。这样,巷道受力就不能按拱形断面分析,由于煤层顶板岩层为层状结构,可以近似为平面层状梁结构,如图 4-10 所示。

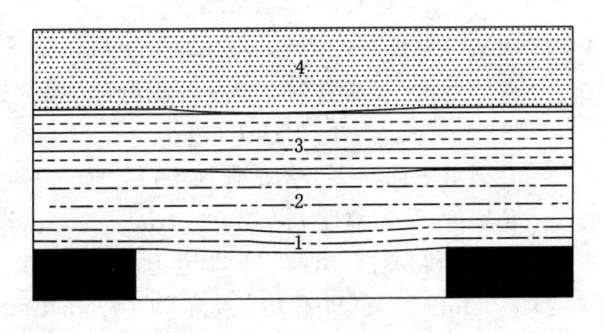

图 4-10　顶板多层梁结构图

由于梁的一端已经为采空区,此时更接近于简支梁支座(图 4-11),因此,按照简支梁计算弯矩。

根据单跨等截面梁、两端自由支承梁公式,巷道中部受到的弯矩最大,其值为:

$$M = ql^2/8, \quad \text{N} \cdot \text{m}$$

式中　q——均布载荷,N/m;

　　　l——梁的跨度,m。

根据材料力学,梁内任一点的正应力 σ 为:

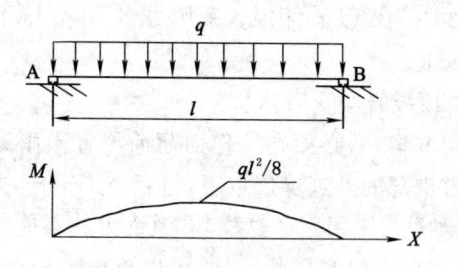

图 4-11 单跨等截面梁受力及弯矩图

$$\sigma = MY/I_x, \quad \text{MPa}$$

式中　M——梁某点截面上的弯矩，N·m；

　　　Y——截面上某点至中性轴 X—X 的距离，m，最大拉应力在最下边缘，为 0.545 m；

　　　I_x——截面对中性轴 X—X 的惯性矩，$I_x = bh^3/12$，b 取单位宽度，1 m，惯性 $I_x = 0.107\,9$，m^4。

根据－4111 机巷煤层柱状图可以得知，巷道最下层厚度为 1.09 m，巷道宽度为 3.8 m，载荷近似看做均布载荷，即 3 795 kN/m。

$$\sigma = MY/I_x$$
$$= 0.125 \times 3\,795 \times 10^3 \times 3.8^2 \times 0.545/0.107\,9$$
$$= 34\,592\,825\,(\text{N/m}^2)$$
$$= 34.6\,(\text{MPa})$$

显然，根据上式计算，要保持巷道稳定，需要很高的支护强度，通常需要通过锚、网、索共同支护对顶板岩层进行挤压紧固，形成"围岩-锚杆"整体承载结构，大幅提高顶板的自承能力。并且由于－4111 工作面顶板为砂质泥岩，强度低，承载能力差，因此同时还需要架设工字钢棚被动支撑和承载顶板应力。这样，以多层次的联合支护来实现支护体和围岩间的主动和被动的相互作用。很显然,对于类似－4111工作面沿空留巷,这种方式无疑需要较高的支护成本。

4.3.3.2 方案二

（1）砌体受力分析

砌体受力的力学模型如图4-7所示。由于砌体为连续矩形墙,墙宽0.75,根据第5.1.2章节的支护阻力计算得到的墙体上方的载荷集度为3 795 kN/m,极端情况下,如果全部由巷旁支护墙体承担,则墙体所受应力为3 795/0.75＝5 060 kN/m＝5.06 MPa。

（2）砌体抗压强度验算。

根据《砌体结构设计规范》(GB 50003—2011)(2012版),按第5.4.2章节的方法,计算得到强度为MU50的多孔混凝土砌块码砌的砌体轴心抗压强度的标准值为23 MPa,即使考虑到施工质量等诸多原因,按规定取1.6的安全系数,砌体抗压强度最低设计值也达到了14.37 MPa,仍高于－4111工作面沿空留巷巷旁支护砌体所受应力值。

（3）巷内顶板围岩受力分析

按照方案二,下出口高度降低,墙体高度也降低到1.2 m,混凝土砌体有一定的刚度,因此基本保持了原拱形巷道的形状和受力特征。根据其受力特点,－4111沿空留巷拱形巷道可简化为双铰接等截面圆拱,如图4-12所示。

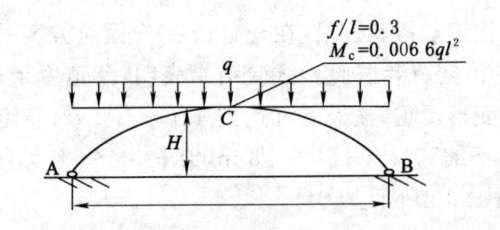

图4-12 －4111沿空留巷拱形巷道简化力学模型

根据材料力学计算,有

$$\sigma = MY/I_x$$
$$= 0.006\ 6 \times 3\ 795 \times 10^3 \times 3.8^2 \times 0.545/0.107\ 9$$
$$= 1\ 826\ 829\ (\mathrm{N/m^2})$$
$$\approx 1.9\ (\mathrm{MPa})$$

此时,单跨等截面正应力是双铰接等截面圆拱的 18 倍,显然拱形巷道受力状态比摘掉拱脚而类似平顶断面的方案一要好得多,支护强度自然可以低很多,所以,沿空留巷时巷道中间不需要采用工字钢架设棚式支护。

具体实施时,考虑到砂质泥岩性脆,受压受拉均易破脆,局部破脆的顶板围岩容易造成锚杆失效,因此,需要采用柔性的金属网让岩层不脱离,共同承载。

4.3.4 巷旁支护方案确定

根据上面的理论分析和计算,方案一承载能力较小,预计巷道变形较大,对下一个工作面的使用可能会造成较大的影响,维护工程量将会比较大;方案二更有优势,巷道受力效果更好,墙体承载能力高,并且由于下出口高度的降低,墙体高度更小,保持拱形断面完整能够承受更大压力,混凝土砌体上方钢筋网锚杆支护托顶能充分利用围岩的自承力,因此选取方案二作为沿空护巷实施方案。

为了对比沿空留巷效果,在−4111 工作面对方案一也进行了 50 m 巷道的沿空留巷试验。试验结果表明:巷道变形较大,挡矸工字钢弯曲变形严重,顶板下沉达到 1.6~1.2 m,巷道高度由原来的 3.0 m 下缩到只有 1.4~1.8 m,给下一个工作面的使用带来了不便,如图 4-13 所示。

图 4-13　方案一试验段沿空留巷效果

5 轻质高强混凝土砌体沿空留巷技术研究

5.1 沿空留巷巷旁墙体关键参数确定

5.1.1 墙体宽度及宽高比

一般说来,砌体随着宽度增加其稳定性也增加,但是,宽度的增加是有限的,因为,过宽的巷旁支护带不仅增加了留巷成本,降低了经济效益,而且增加了劳动强度。

巷旁支护砌体的宽度选择目前没有统一标准,在我国,一般的试验均采用经验类比法来确定。根据英国、德国的经验,巷旁支护的宽度通常为采高的 $0.6 \sim 0.9$ 倍(即宽高比 C 为 $0.6 \sim 0.9$),表5-1列举了部分矿井巷旁支护试验采用的巷旁支护墙体宽度。

表 5-1　　　　　　　　部分矿井巷旁支护宽度

矿井名称	顶板情况	采高/m	巷旁支护宽度/m	宽高比
枣庄山家林矿	稳定	$0.7 \sim 1.2$	0.5	$0.42 \sim 0.71$
开滦唐山矿	稳定	$0.75 \sim 2.7$	$1.5 \sim 2.0$	$0.56 \sim 0.74$
阳泉二矿	中稳	$1.5 \sim 1.9$	1.0	$0.53 \sim 0.67$
平顶山一矿	中稳	2.6	1.2	0.46
开滦范各庄矿	不稳定	3.0	2.4	0.8
新汶孙村矿	不稳定	2.0	1.4	0.7

巷旁支护墙体的适宜宽度,主要是考虑巷旁支护材料的稳定

性,不致于宽度过窄而产生拉坏或压坏导致失稳,这样,可根据巷旁支护与围岩相互作用关系建立一个力学模型,如图 5-1 所示。

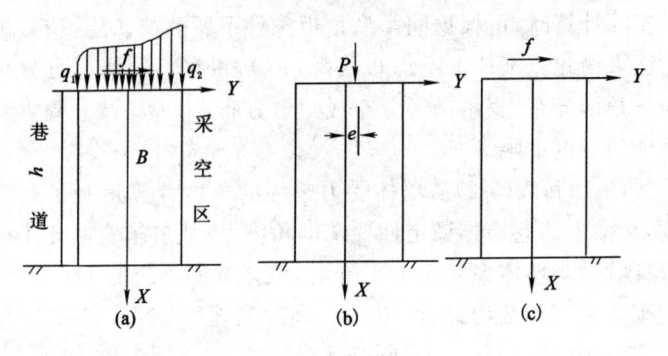

图 5-1 巷旁墙体受力分析

通过分析和计算,可得巷旁支护墙体宽度 B 的最小值:

巷道侧拉应力达到破坏极限,有:

$$B \geqslant \frac{2hf(q_1 + q_2)}{\sigma_t + q_1} \tag{5-1}$$

采空侧压应力达到破坏极限,有:

$$B \geqslant \frac{2hf(q_1 + q_2)}{\sigma_c + q_2} \tag{5-2}$$

式中 q_1——墙体巷道侧顶板载荷集度,MPa;

q_2——墙体采空侧顶板载荷集度,MPa;

h——墙体高度,m;

f——墙体与顶板间摩擦系数;

σ_t——墙体抗拉强度,MPa;

σ_c——墙体抗压强度,MPa。

代入数据:$h = 1.4$ m,$f = 0.2$,$q_1 = 5.3$ MPa,$q_2 = 5.5$ MPa,$\sigma_t = 6$ MPa,$\sigma_c = 25$ MPa。算出巷道侧宽度满足 $B \geqslant 0.535$ m,采空区侧 $B \geqslant 0.31$ m,一般以巷旁充填体首先受到破坏极限的那一侧

来计算达到极限破坏状态时所需的最小充填宽度 B,所以在这里选用 $B=0.75$ m 作为沿空留巷的巷旁支护宽度。

实际计算时,可根据同类型顶板条件下所测的矿压资料,采用类比法来简化充填体上不均布载荷 $q(y)$,根据不同情况可分别简化为三角形分布、直角梯形分布或矩形分布,为现场试验提供巷旁充填体的宽度下限。

式(5-1)和式(5-2)从墙体受力破坏的角度计算得到了巷道的宽度,从沿空留巷墙体稳定性要求的角度,一般要求宽高比不少于0.5。因此,当墙体高度为 1.4 m 时,墙体宽度不应低于 0.7 m,考虑到砌块和墙体结构设计,以及更高的安全要求,-4111 工作面沿空留巷砌体宽度取 0.75 m。

如果不降低下出口高度,按采高来施工沿空留巷墙体,则平均墙高应为 2.8 m,代入式(5-1)和式(5-2),可以得到巷道侧宽度满足 $B \geqslant 0.107$ m,采空区侧 $B \geqslant 0.62$ m,如果考虑墙体稳定性要求,即宽高比不少于 0.5 的话,则墙体宽度不能低于 1.4 m。这样,成本和工程量都将成倍增加。

5.1.2　沿空留巷巷旁支护阻力[26]

(1)基于上覆岩层运动结构模型计算

在研究巷道"支护-围岩"相互作用关系时,考虑到巷帮煤体对维留巷道的作用以及沿空留巷侧采空区顶板活动的影响,结合金刚煤矿实际情况提出如图 5-2 所示的沿空留巷力学结构模型。

巷道顶板以煤体弹塑性交界处为旋转轴向采空区侧旋转倾斜,旋转轴在垂直方向上以岩层垮落角向上延伸。

基本顶之上的软弱岩层其重量均匀地加到基本顶之上,基本顶的最大破断长度为工作面周期来压步距长度。

由于临时加强支护与砌筑体的共同作用,第 1 层直接顶可以紧靠砌体采空区侧切顶,其余各层以岩层垮落角向采空区侧延伸。

由于巷内支架的支护阻力远小于巷旁支护阻力,因此巷内的

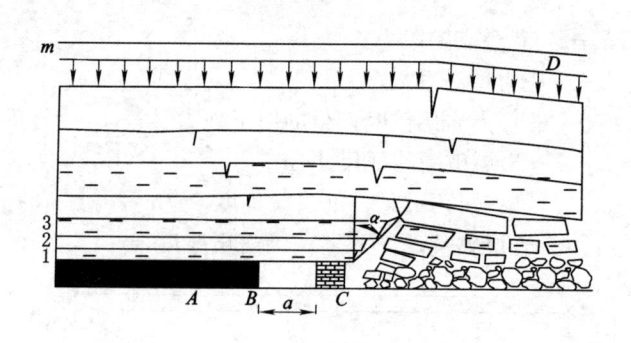

图 5-2 沿空留巷力学结构示意图

支护阻力可忽略不计。在顶板的后期活动阶段,巷旁砌筑墙所需提供的支护阻力主要是为了平衡维护空间(包括砌筑墙、巷道及塑性带)所对应的直接顶及断裂的基本顶。基本顶断裂后不能形成结构时为最不利情况,此时所需的支护阻力最大。

图 5-3 所示为考虑巷帮煤体作用的顶板载荷条带分割法模型[为 4 边支承,图 5-3(a)中 L_{I}、L_{II} 分别为工作面长度和顶板来压步距]。在图 5-3(a)中取一单位宽度的板条,研究采空区顶板在过渡期活动阶段的沿空留巷巷旁支护阻力,所取的板条见图 5-3(b),力学模型求解见图 5-3(c)。

设顶板均布载荷为 q,按条带分割后,分割到 $ADEF$ 板条上载荷只在 AD 和 EF 两段上。由于沿空留巷巷道顶板发生主动垮落的机会多,而被动垮落一般出现在工作面顶板。因此,仅分析主动垮落情况下巷旁支护切顶阻力。在初始阶段,岩层下沉变形很小,层面内应力引起的弯矩可忽略不计,因此,求解支护切顶阻力 F 时只考虑岩层自重载荷和采动引起的应力增高系数 k 的作用。

用平衡法对图 5-3(c)中各段求解,从沿空留巷上方第 1 层顶板开始分析。根据第 1 层情况,解得巷旁支护阻力 F_1 为:

$$F_1(a+x_0)=k[M_{P1}+q_1(a+x_0)^2/2+F_{N1}(a+x_0)-M_{A1}-Qx_0]$$

式中　F_1——巷旁支护阻力;

　　　k——应力增高系数;

　　　F_{N1}——C点岩层破断产生的向下剪力,kN,$F_{N1} = q_1 L_1$;

　　　L_1——岩层破断特征尺寸,m;

　　　q_1——第一层顶板梁自重载荷集度,N/m^2,$q_1 = \gamma_1 h_1$,γ_1 为
　　　　　岩层容重,kN/m^3,h_1 为岩层厚度,m;

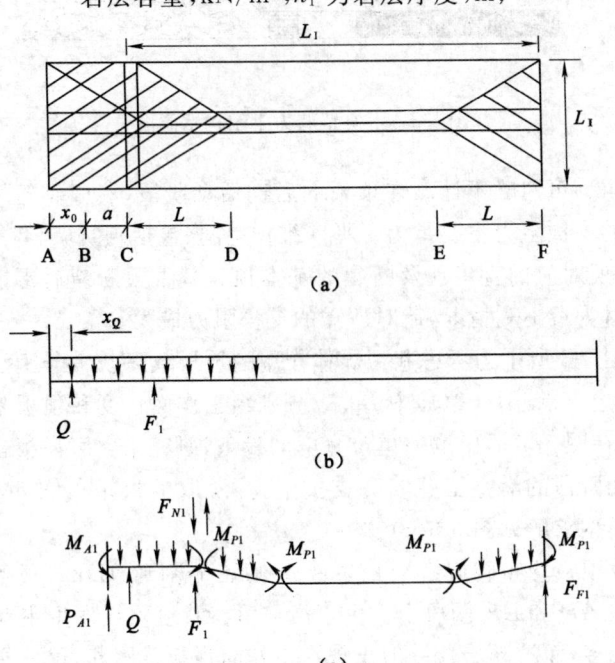

图 5-3　沿空留巷巷旁支护阻力计算模型(第 1 层)

P_{A1}——A 点对顶板的支承力;M_{A1}——岩层抗弯弯矩;

Q——巷旁煤体对顶板的支承力;F_1——巷旁支护阻力;

F_{N1}——C 点岩层破断产生的向下剪力;M_{P1}——岩层极限弯矩;

F_{F1}——F 点对顶板的支承力。

L_{II}——岩层厚度,m;

M_{A1}——岩层抗弯弯矩,kN·m;

M_{P1}——岩层极限弯矩,kN·m,在极限条件下,$M_{A1}=M_{P1}$;

a——巷道宽度,m;

x_0——煤体松动区宽度,m;

x_Q——松动区中心至 A 点距离,其值为 $x_0/2$;

Q——巷旁煤体对顶板的支承力,式中符号中的"1"表示第 1 层。

第 2 层以上顶板支护切顶阻力计算不同于第 1 层,第 1 层的切顶阻力主要是人工支护提供的,而第 2 层以上的岩层所需的切顶阻力是人工支护和已垮岩层残җ边界共同作用的结果。

第 2 层垮落沿空留巷巷旁支护阻力计算模型如图 5-4 所示,解得巷旁支护切顶阻力为:

$$F_2(a+x_0) = k\Big[\sum_{i=1}^{2} \gamma_i h_i \Big(a+x_0+\sum_{j=0}^{i=1} h_j \tan g\alpha_j\Big)^2/2 +$$

$$\sum_{i=1}^{2} F_{Ni}\Big(a+x_0+\sum_{j=0}^{i=1} h_j \tan g\alpha_j\Big) + M_{P2} - \sum_{i=1}^{2} M_{Ai} - Qx_Q\Big]$$

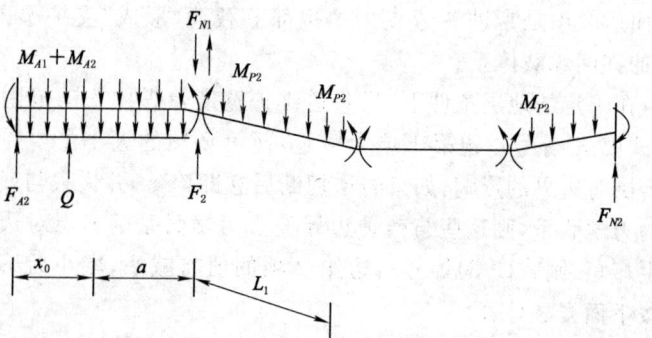

图 5-4 沿空留巷巷旁支护阻力计算模型(第 2 层)

式中　　i——第 i 层顶板岩层；

　　　　j——第 j 层顶板岩层；

　　　　α_j——岩层破断角，取 $h_0 = 0, \alpha_0 = 0$。

同理，对于第 m 层情况，可以求得巷旁支护切顶阻力为：

$$F_m(a + x_0) = k\Big[\sum_{i=1}^{m}\gamma_i h_i\Big(a + x_0 + \sum_{j=0}^{i=1}h_j\tan ga_j\Big)^2/2 +$$

$$\sum_{i=1}^{m}F_{Ni}\Big(a + x_0 + \sum_{j=0}^{i=1}h_j\tan ga_j\Big) + M_{Pm} - \sum_{i=1}^{m}M_{Ai} - Qx_Q\Big]$$

$$(5\text{-}3)$$

其中 m 为垮落带岩层的极限层数，m 的计算方法为垮落带岩层总厚度除以岩石分层垮落平均厚度。

式(5-3)为顶板主动垮落时，沿空留巷巷旁支护切顶阻力计算式。式(5-3)中等号右边中括号内第 1 项是残护边界自重引起的弯矩，第 2 项是切顶线处受垮断岩层的剪力作用所产生的总弯矩，第 3 项是第 m 层岩层的极限弯矩，第 4 项是 1~m 层岩层在点 A 的总抗弯弯矩，第 5 项是巷帮煤体对顶板岩层的支撑力所产生的总弯矩。由此可知，前 3 项所产生的围岩载荷要由支护阻力来平衡，而后 2 项是帮助巷旁支护承担部分载荷，形成"支护-煤体-顶板"的共同承载体系。

在一定的地层条件下，当巷道维护宽度及煤体松动范围一定时，式(5-3)等号右边第 1 项为恒定，而第 2 项的大小主要受到垮落岩层对边界的影响，如果岩层切断后立即垮落，并失去与残护边界的力学联系，则这些与残护边界失去力学联系的岩层对边界不产生弯矩，则式(5-3)等号右边第 2 项的值将减小，减小后第 2 项值按下面方法计算。

设 n 为垮落后与残护边界失去力学联系的岩层数，则式(5-3)中等号右边第 2 项大小为：

$$\sum_{i=1}^{m} F_{Ni} \left(a + x_0 + \sum_{j=1}^{i=1} h_j \tan a_j \right)$$

巷帮煤体对顶板岩层的支承力所产生的总弯矩,其计算较为复杂[37],从简化计算和安全角度考虑,可假设松动区内煤体以均布载荷的形式作用于顶板岩层,均布载荷的大小可选用煤体的残余抗压强度 σ_c^*,则 $Q x_Q = \sigma_c^* x_0^2 / 2$。

综合以上分析,沿空留巷的巷旁支护阻力 F_m 可以为:

$$F_m (a + x_0) = k \Big[\sum_{i=1}^{m} \gamma_i h_i \left(a + x_0 + \sum_{j=0}^{i=1} h_j \tan ga_j \right)^2 / 2 +$$

$$\sum_{i=1}^{m} F_{Ni} \left(a + x_0 + \sum_{j=0}^{i=1} h_j \tan ga_j \right) + M_{Pm} - \sum_{i=1}^{m} M_{Ai} - \sigma_c^* x_0^2 / 2 \Big] \quad (5\text{-}4)$$

式中,M_{Pm} 在不同支承条件下具有不同的数值,一端支承时,$M_{Pm} = q_m L_m^2 / 2$,两端支承时,$M_{Pm} = q_m L_m^2 / 4$。砌筑墙体取悬臂式顶板垮落形成的一端支承,要求的支护阻力最大。

式(5-4)的计算较为繁杂,完全可以进行简化,如果不考虑煤帮的支撑作用及垮落岩层破断角 α 的影响,求得的巷旁支护阻力要高于用式(5-4)计算得到的值。因此,可以得到简化的计算沿空留巷巷旁支护阻力的围岩结构模型,如图 5-5 所示。

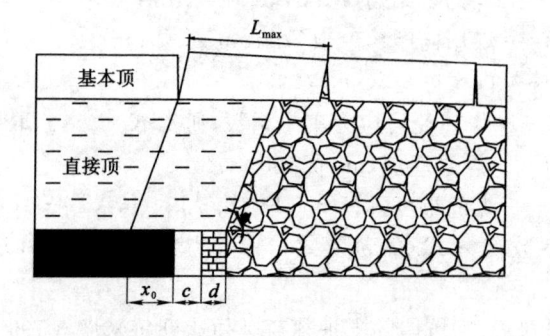

图 5-5 沿空留巷围岩结构模型

根据图 5-5 的模型,可以得到巷旁支护需要的支护阻力为:

$$P = k\left[h_E r_E \frac{L_{max}}{2} + h_z \gamma_z (x_0 + c + d)\right] \tag{5-5}$$

式中　k——安全系数,取 2;

　　　h_z——直接顶厚度,m,按照柱状图岩性分析,$h_z = 1.27$ m;

　　　γ_z——直接顶岩层重度,kN/m³,取 25 kN/m³;

　　　h_E——基本顶厚度,m,按照柱状图岩性分析,$h_E = 11.57$ m;

　　　γ_E——基本顶岩层重度,kN/m³,取 25 kN/m³;

　　　L_{max}——周期来压步距,m,取 12 m;

　　　d——巷旁砌筑墙宽度,m,取 0.7;

　　　c——巷道宽度,m,运输巷宽度为 3.8 m;

　　　x_0——煤体内极限平衡区宽度,m。

$$x_0 = \frac{M}{2\xi f}\ln\frac{K\gamma H + C\cot\varphi}{\xi C\cot\varphi} = 1.2$$

$$\xi = \frac{1+\sin\varphi}{1-\sin\varphi} = 3 \tag{5-6}$$

式中　M——开采厚度,m,最大采高为 3.0 m(这里采高不取 1.4
　　　　　m,主要因为工作面采高为 3.0 m);

　　　C——煤的黏结力,MPa,取 1.5 MPa;

　　　f——煤层内摩擦系数,$f = \tan\varphi$,取 tan 30°;

　　　φ——内摩擦角,(°),取 30°;

　　　K——煤体受力应力集中系数,通常 $K = 2\sim6$,取 2.5;

　　　H——煤层埋深,m,取 450 m;

　　　γ——煤的重度,kN/m³,取 13.5 kN/m³。

把参数代入式(5-5)及式(5-6),得:$x_0 = 1.2$ m,$P = 3\,795$ kN/m。

也就是说,砌筑墙的支护载荷必须达到每米墙 3 795 kN 以上。每平方米砌筑墙须承担的压力为 3 795/0.75 = 5 060 kN/m² = 5.06 MPa。

（2）按照经验公式计算

在研究巷道"支护-围岩"相互作用关系时,考虑到巷帮煤体对维留巷道的作用以及沿空留巷侧采空区顶板活动的影响,采用经验结构模型。由于煤层倾角较大,煤层上的直接顶和基本顶厚度按 8 倍采高的载荷,将其重量均匀地加到巷旁支护和煤帮侧,因为巷内支架的支护阻力远小于巷旁支护阻力,因此巷内支护阻力可忽略不计。巷旁支护所需提供的支护阻力可表示为 P:

$$P = 8\gamma h(x_0 + c + d)$$

式中　x_0——煤体内极限平衡区宽度;

　　　c——巷道宽度,3.8 m;

　　　d——巷旁支护宽度,0.75 m;

　　　h——采高,3.0 m;

　　　γ——直接顶、基本顶及其之上不能自我平衡的软岩平均重度,25×10^3 kN/m³。

经计算,$P = 3\ 420$ kN/m,砌筑墙的支护载荷必须达到每米墙 3 420 kN 以上。每平方米砌筑墙须承担的压力为 3 420/0.75 = 4 560 kN/m² = 4.56 MPa。

综合前面两种方法的分析计算,金刚煤矿－4111 工作面运输巷巷旁支护墙体的整体强度达到 15 MPa 是完全可以满足支护强度要求的。

5.2　轻质高强混凝土设计及性能试验

5.2.1　混凝土材料选择

配制结构性轻质混凝土主要有以下几种原材料:

水泥:42.5 级普通硅酸盐水泥,密度 3.15 g/cm³。

粉煤灰:电厂Ⅱ级粉煤灰,比表面积为 380 m²/kg。

硅灰:硅钢厂副产品,密度 2.2 g/cm³,平均粒径为 0.18 m。

水泥、粉煤灰和硅灰的化学组成与物理性能见表 5-2。

表 5-2 原材料的化学组成和物理性能

材料	W(质量分数)/%								比表面积 /(m²/kg)	需水量比 /%
	S_iO_2	Al_2O_3	Fe_2O_3	T_iO	CaO	MgO	SO_3	Loss		
水泥	21.47	5.80	4.04	—	59.64	3.24	2.08	2.44	360	—
粉煤灰	45.38	33.53	5.29	4.71	3.16	2.81	0.43	5.30	—	95
硅灰	94.48	0.27	0.87	—	0.54	0.91	—	1.90	20 000	—

轻集料:800 和 900 级碎石型膨胀页岩陶粒,其相关性能见表 5-3。

表 5-3 轻集料的主要性能

轻集料	堆积密度 /kg/m³	颗粒密度 /kg/m³	筒压强度 /MPa	吸水率 /%	空隙率 /%	最大粒径 /mm
800 级页岩陶粒	770	1 420	7.6	4.3	54.2	16
900 级页岩陶粒	830	1 480	7.8	4.1	50.2	16

外加剂:高效减水剂。

细集料:中粗河砂,细度模数 2.7～2.8,含泥量小于 1%。

5.2.2 配合比设计

研究表明,轻集料混凝土的强度受集料强度影响较大,由于轻集料自身的强度较低,因此制备 LC50 轻质高强混凝土,一般要求采用 52.5 级普通硅酸盐水泥或使用 800 级以上高强陶粒,但是使用 52.5 级普通硅酸盐水泥,因水泥细度大,影响轻集料混凝土的工作性能;使用 800 级以上高强陶粒,又会使混凝土的密度增加,且成本高。因此,本书研究采用 42.5 级普通硅酸盐水泥与

800～900 级陶粒配制具有高工作性能的 LC50 高强轻集料混凝土。针对普通轻集料混凝土工作性能差、强度低、施工性能差的问题,优选各种原材料进行实验,研究轻集料、辅助胶凝材料(粉煤灰、硅灰)、外加剂、水胶比、体积砂率等配比参数对混凝土的密度、工作性能和力学性能的影响规律,从而选择材料和确定最优配合比。因素水平表见表 5-4。

表 5-4 因素水平表

水平	因　　素			
	水胶比	体积砂率	粉煤灰掺量/%	硅灰掺量/%
Ⅰ	0.28	0.40	10	0
Ⅱ	0.30	0.45	15	5
Ⅲ	0.32	0.50	20	10

　　根据正交实验设计方法,制订以下实验配合比方案,见表 5-5。

表 5-5 实验方案设计

试验号	因　　素			
	水胶比	体积砂率	粉煤灰掺量/%	硅灰掺量/%
1	Ⅰ(0.28)	Ⅰ(0.4)	Ⅰ(10)	Ⅰ(0)
2	Ⅰ(0.28)	Ⅱ(0.45)	Ⅱ(15)	Ⅱ(5)
3	Ⅰ(0.28)	Ⅲ(0.50)	Ⅲ(20)	Ⅲ(10)
4	Ⅱ(0.3)	Ⅰ(0.4)	Ⅱ(15)	Ⅲ(10)
5	Ⅱ(0.3)	Ⅱ(0.45)	Ⅲ(20)	Ⅰ(0)
6	Ⅱ(0.3)	Ⅲ(0.50)	Ⅰ(10)	Ⅱ(5)
7	Ⅲ(0.32)	Ⅰ(0.4)	Ⅲ(20)	Ⅱ(5)
8	Ⅲ(0.32)	Ⅱ(0.45)	Ⅰ(10)	Ⅲ(10)
9	Ⅲ(0.32)	Ⅲ(0.50)	Ⅱ(15)	Ⅰ(0)

根据以上正交表进行试验,以混凝土工作性能密度和抗压强度作为研究指标,确定配制 LC50 高强轻集料混凝土的主要技术参数,制备出坍落度 20～24 cm,扩展度 50～60 cm 的 LC50 高性能轻集料混凝土。

(1)拌合物工作性能

表 5-6 是混凝土拌合物的工作性能实验结果。

表 5-6　　　　　　　　混凝土的工作性能实验结果

编号	水胶比	砂率	粉煤灰/%	硅灰/%	坍落度/cm	扩展度/cm	坍落度/扩展度	工作性能
1	0.28	0.40	10	0	25	55	0.46	好
2	0.28	0.45	15	5	22	35	0.63	黏稠
3	0.28	0.50	20	10	18	30	0.60	很黏稠
4	0.30	0.40	15	10	13	20	0.65	较差
5	0.30	0.45	20	0	27	60	0.45	好
6	0.30	0.50	10	5	12	29	0.41	较差
7	0.32	0.40	20	5	24	39	0.62	一般
8	0.32	0.45	10	10	18	28	0.64	黏稠
9	0.32	0.50	15	0	27	65	0.42	差(泌水)

以坍落度和扩展度为考察指标,用正交实验方法分析,分析数据结果见表 5-7。由表 5-7 可知,以上四个因素对混凝土坍落度与扩展度的影响规律比较一致。根据各因素对坍落度与扩展度的影响大小排列,主次顺序为:D、A、C、B,即各因素中,硅灰的掺量是最显著的影响因素,其次为水胶比、粉煤灰和砂率。硅灰掺量越高,混凝土的坍落度与扩展度越低。掺入硅灰后,混凝土的分层离析明显减小,但带来流动度变差的问题。为了配制具有高流动性的轻集料混凝土,硅灰用量不宜太高。因粉煤灰的加入可提高混

凝土的流动性,最佳的技术方法是用硅灰与粉煤灰混合掺加,并控制硅灰的用量。由以上实验结果还发现,轻集料混凝土的坍落度/扩展度的比值在 0.45 左右比较适宜,比值在此范围内的混凝土不仅具有良好的黏聚性,而且还具有良好的流动性,不泌水、不离析。

表 5-7 　　　　　　　　　　　正交实验结果分析

因素	水胶比 A	砂率 B	粉煤灰 C	硅灰 D	扩展度 /cm	坍落度 /cm
1	I	I	I	I	55	25
2	I	II	II	II	35	22
3	I	III	III	III	30	18
4	II	I	II	III	20	13
5	II	II	III	I	60	27
6	II	III	I	II	29	12
7	III	I	III	II	39	24
8	III	II	I	III	28	18
9	III	III	II	I	65	27
扩展度/cm	I	120	114	112	180	因素主次:DACB 最优配合比: $A_3B_3C_3D_1$
	II	109	123	120	103	
	III	132	124	129	78	
	R	23	10	17	102	
坍落度/cm	I	65	62	55	79	因素主次:DACB 最优配合比: $A_3B_2C_3D_1$
	II	52	67	62	58	
	III	69	57	69	49	
	R	17	10	14	30	

(2)密度

密度是轻集料混凝土的重要指标之一。由于轻集料混凝土的密度受轻集料吸水率和环境条件影响较大,因此表示轻集料混凝土密度有多种方式,最常用的是湿密度和干密度,湿密度为脱模密度,干密度为 105 ℃条件下烘干至恒重时的密度。一般情况下,干密度较湿密度低 80～100 kg/m³。实验结果见表 5-8。根据正交实验结果分析可知,影响因素依次为硅灰、砂率、粉煤灰和水胶比。其中,对轻集料混凝土密度影响最显著的因素仍然是硅灰,硅灰掺量越高,混凝土的密度越低。由该实验结果可知,硅灰的掺入具有降低混凝土密度的作用,粉煤灰也有类似作用,但效果不如硅灰明显。考虑到硅灰同时具有显著提高混凝土强度的作用,因此硅灰是制备 LC50 高强混凝土必不可少的组分,它的掺入可充分发挥轻集料混凝土轻质高强的技术优势。此外,砂率对轻集料混凝土的密度也有重要的影响,砂率越高,混凝土的密度越大。测试轻集料混凝土的干表观密度发现,以上各组混凝土的干密度为 1 904～2 013 kg/m³。

表 5-8 　　　　　　　　　　**容重实验结果**

试验号	因　素				
	水胶比 A	体积砂率 B	粉煤灰掺量 C	硅灰掺量 D	湿密度 /(kg/m³)
1	Ⅰ	Ⅰ	Ⅰ	Ⅰ	2 062
2	Ⅰ	Ⅱ	Ⅱ	Ⅱ	2 062
3	Ⅰ	Ⅲ	Ⅲ	Ⅲ	2 000
4	Ⅱ	Ⅰ	Ⅱ	Ⅲ	1 997
5	Ⅱ	Ⅱ	Ⅲ	Ⅰ	2 124
6	Ⅱ	Ⅲ	Ⅰ	Ⅱ	2 055
7	Ⅲ	Ⅰ	Ⅲ	Ⅱ	1 976
8	Ⅲ	Ⅱ	Ⅰ	Ⅲ	2 034
9	Ⅲ	Ⅲ	Ⅱ	Ⅰ	2 107

试验号	因　　素				湿密度 /(kg/m³)
	水胶比 A	体积砂率 B	粉煤灰掺量 C	硅灰掺量 D	
Ⅰ	6 124	6 035	6 151	6 293	因素主次:DBCA
Ⅱ	6 176	6 220	6 166	6 093	最优配合比:
Ⅲ	6 117	6 162	6 100	6 031	A₃B₁C₃D₃
R	59	185	66	262	

（3）抗压强度

混凝土的抗压强度是混凝土材料的最基本性质,也是实际工程对混凝土要求的基本指标。强度分析结果见表 5-9。

表 5-9　　　　　　强度的分析结果

试验号	因　　素				28 天抗压强度 /MPa
	水胶比 A	体积砂率 B	粉煤灰掺量 C	硅灰掺量 D	
1	Ⅰ	Ⅰ	Ⅰ	Ⅰ	57.6
2	Ⅰ	Ⅱ	Ⅱ	Ⅱ	59.3
3	Ⅰ	Ⅲ	Ⅲ	Ⅲ	62.6
4	Ⅱ	Ⅰ	Ⅱ	Ⅲ	53.9
5	Ⅱ	Ⅱ	Ⅲ	Ⅰ	48.3
6	Ⅱ	Ⅲ	Ⅰ	Ⅱ	57.8
7	Ⅲ	Ⅰ	Ⅲ	Ⅱ	62.5
8	Ⅲ	Ⅱ	Ⅰ	Ⅲ	48.5
9	Ⅲ	Ⅲ	Ⅱ	Ⅰ	49.5

试验号	因　素				28 天抗压强度 /MPa
	水胶比 A	体积砂率 B	粉煤灰掺量 C	硅灰掺量 D	
Ⅰ	179.6	164.0	163.9	155.4	因素主次：ADBC 最优配合比： $A_1B_3C_1D_2$
Ⅱ	160.0	156.1	162.7	169.6	
Ⅲ	150.5	169.9	163.4	165.1	
R	29.1	13.8	1.2	14.2	

以上四个因素中对混凝土强度影响主次顺序为：水胶比、硅灰、砂率、粉煤灰。有利于提高强度的最优化配合比是：水胶比 0.28＋砂率 0.50＋粉煤灰掺量 10％＋硅灰掺量 5％。综合前面的实验结果，配制具有高工作性能、高强度、密度小的轻集料混凝土，最佳技术方案是：水胶比为 0.30 左右，硅灰掺量不超过 10％，粉煤灰掺量 10％～20％，砂率 0.45～0.50。

LC30 高强结构轻集料混凝土的设计，是在保证物理力学性能达到工程要求的前提下，使新拌和混凝土的工作性能达到施工要求，尽可能降低干密度，并兼顾经济性。基于这个原则，综合性能最优的 LC30 轻集料混凝土配合比是：水胶比 0.30＋砂率 0.50＋粉煤灰掺量 15％＋硅灰掺量 5％。

用这个最佳配合比分别采用 800 级和 900 级的陶粒进行对比实验，并测试了抗折强度、劈裂抗拉强度和干密度等指标。其目的一是为了验证原来的 800 级陶粒的最佳配合比是否合理；二是为了比较采用 800 级和 900 级陶粒配制高强轻集料混凝土的性价比。实验结果见表 5-10。

由表 5-10 可见，无论采用 800 级还是 900 级的陶粒，在工作性能方面混凝土都具有良好的工作性，坍落度达到 24cm 左右。

采用 800 级轻集料配制的 LC50 混凝土的干密度只有 1 921 kg/m³,采用 900 级轻集料配制的混凝土的干密度达到了 1 952 kg/m³。900 级陶粒混凝土的强度相比 800 级陶粒混凝土虽有所提高,但提高幅度并不显著,考虑到 900 级陶粒的售价高于 800 级陶粒较多,并且还会造成混凝土的密度增加,因此,利用 800 级陶粒配制的 LC50 混凝土性价比更高,适用性更强。

表 5-10　　　　　　　　验证配合比实验结果

轻集料	坍落度 /cm	湿密度 /(kg/m³)	干密度 /(kg/m³)	抗压强度 /MPa	劈裂抗拉 强度/MPa	抗折强度 /MPa
900 级陶粒	24.0	2 080	1 952	58.3	4.6	6.1
800 级陶粒	22.5	2 042	1 921	56.1	4.4	5.9

5.3　沿空留巷墙体结构设计

传统砌块墙不同程度上主要存在以下三个问题:一是墙体结构不合理,砌块排列、压缝、组合方式不科学,墙体受力状态不好,防侧推能力差,稳定性差;二是砌块强度太低,砌块形状、大小、长度、宽度对墙体的受力状态不利;三是墙体宽度、高度、强度与巷道围岩应力和顶板移动规律不适应。

经过反复计算、模拟和研究,结合其他矿区的施工经验及金刚煤矿的实际条件,墙体宽度取 0.7 m。

墙体位置:为保护墙体下的稳定基础,将墙体设置于采空区内工作面下缺口 0.7 m 处,即墙体距离原巷道壁 0.7 m,墙宽 0.75 m,保持巷道宽度 3.8 m。墙高砌筑到下缺口顶板(内连、外连夹矸)处,平均高度约 1.4 m。

墙体尺寸:巷旁支护墙体除了具有一定的强度外,还必须具备一定的宽度,使之能承受较大的压力和具有较高的稳定性。通常要求墙的宽高比大于 0.5,同时满足承重的要求。由于工作面下端头具有较厚的顶煤(以及内连、外连夹矸),下缺口高度仅为 1.4 m,因此施工时墙宽取 0.75 m 能满足要求。

巷旁支护墙体强度:根据前面的计算,巷旁支护墙体的整体抗压强度为 5.5 MPa;随着工作面的推进,当发现墙体支护强度不够时,应及时调整巷旁支护设计参数。

墙体材料:采用 LC50 轻质高强混凝土二孔预制砌块。

支护方式:砌块地面预制,井下人工砌筑形成巷旁支护墙。

采用加长、加厚混凝土块,错缝纵码砌筑矩形直墙,墙体宽度 0.75 m,高度 1.2~1.4 m。墙体结构如图 5-6 所示。

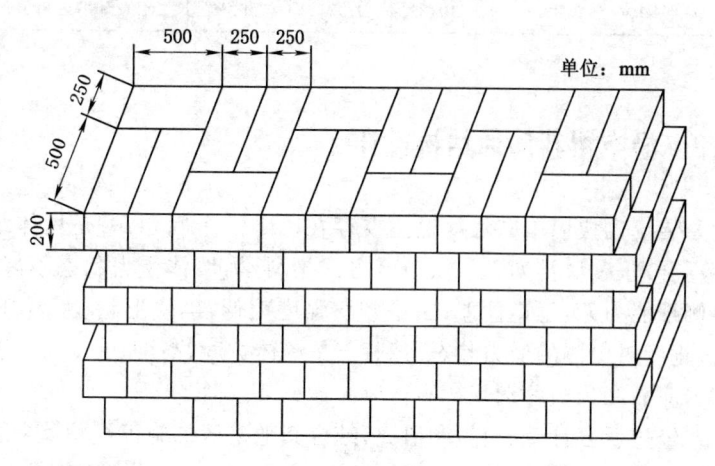

图 5-6　墙体结构示意图

5.4　多孔砌块设计及墙体强度验算

5.4.1　砌块规格

经调查研究分析、比较,选择采用高强多孔混凝土砌块墙作为沿空留巷巷旁支护。为了保证墙体稳定可靠,除了墙体宽度要保证以外,墙体的强度是最重要的参数之一。根据理论计算和数值仿真实验得知,支护墙体的整体强度达到 20 MPa 可以满足杨村煤矿沿空留巷巷旁支护的强度要求,由于巷旁支护墙体是由混凝土预制块砌筑而成,因此,预制混凝土砌块的强度必须达到 MU50 以上。

根据金刚煤矿—4111 工作面开采高度、顶底板围岩条件及其他煤层类似条件的砌体沿空留巷经验,确定砌块墙规格为 500 m×250 mm×200 mm(长×宽×高)。为了节约材料、降低成本,同时减轻砌块重量,降低工人劳动强度,砌块砖采用混凝土多孔免烧砖,采用中小型混凝土多孔砌块制作机生产,4 人每天产量可达 5 000 块以上,全套设备成本 15 万元。

根据《砌体结构设计规范》(2012 年版),对于承重的混凝土多孔砌块的孔洞率应大于 20%,小于 35%。孔洞率小于 35%的多孔砌块的力学性能指标和实心的砌块相差不大。所以金刚煤矿—4111工作面沿空留巷砌体砌块的孔洞率确定为 30%左右。为了涂抹砂浆方便以及不漏浆,多孔砌块砖考虑采用封底结构(施工时封底面朝上),并综合考虑砌块砖受力和结构尺寸的影响,确定杨村煤矿 500 m×250 mm×200 mm 砌块的孔洞结构如图 5-7 所示。

根据图 5-7 的孔结构及尺寸,砌块孔洞率为 29.165%,砌块重量为 34 kg。

5.4.2　多孔砌块砌体强度计算

(1) 砌体的抗压强度平均值计算

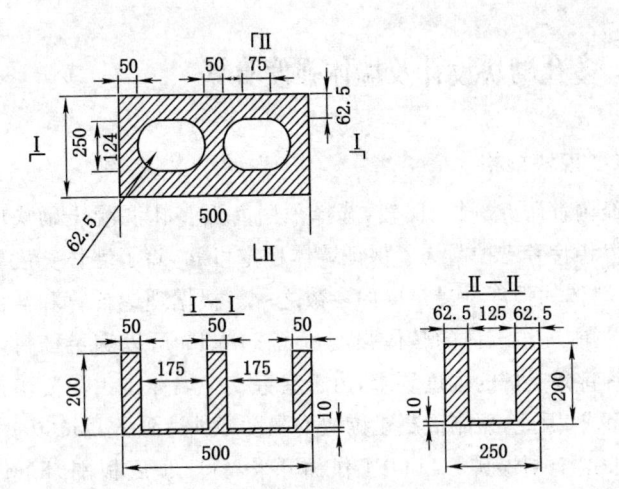

图 5-7　砌块空孔结构平、剖面图

$$f_{\mathrm{m}}=0.95\times0.46\times f_1^{0.9}\times(1+0.07\times f_2)\times(1.1-0.01\times f_2)$$
$$=0.95\times0.46\times50^{0.9}\times(1+0.07\times20)\times(1.1-0.01\times20)$$
$$=31.92(\mathrm{MPa})$$

式中　f_{m}——砌体抗压强度平均值，MPa；

　　　f_1——混凝土砌块强度等级，MPa；

　　　f_2——水泥砂浆的强度等级，MPa。

（2）砌体抗压强度标准值计算

$$f_{\mathrm{k}}=f_{\mathrm{m}}\times(1-1.645\times\delta_{\mathrm{f}})$$
$$=31.92\times(1-1.645\times0.17)=23.0(\mathrm{MPa})$$

式中　f_{k}——砌体抗压强度标准值，MPa；

　　　δ_{f}——各类砌体的抗压强度变异系数。

（3）砌体抗压强度设计值计算

$$f=f_{\mathrm{k}}/\gamma_{\mathrm{f}}=23.0/1.6=14.37(\mathrm{MPa})$$

式中　f——砌体抗压强度设计值，MPa；

γ_f——砌体结构的材料性能分项系数，一般情况下宜按施工质量控制等级为 B 级考虑取 1.6,当为 C 级时考虑取 1.8,当为 A 级时考虑取 1.5。

5.4.3 混凝土砌块制作

（1）混凝土配制:按要求的强度配制混凝土,计量精度为水泥 $\pm 1\%$,砂、水 $\pm 3\%$ 以内,应采用机械搅拌,搅拌时间不少于3.0 min。

（2）混凝土砌块制作:采用钢板定制模具,混凝土振动台振实以确保混凝土砌块的质量。混凝土砌块制作过程如图 5-8 所示。

（a）

（b）

图 5-8　混凝土砌块制作过程

（a）砌块制作设备;（b）轻质高强双孔砌块

（3）混凝土砌块堆放养护

混凝土砌块脱模后用草帘覆盖洒水养护至少 14 天。

（4）混凝土砌块搬运

混凝土砌块必须 28 天后达 100％设计强度才可以搬运、堆放、砌筑。

6 沿空留巷轻质砌体墙受力数值模拟研究

6.1 数值模拟实验

6.1.1 数值模型的建立

模型尺寸为 77.3 mm×300 mm×46 mm。其中,下部中粒砂岩 10.79 m,下部粉砂岩 2.3 m,下部泥岩 2.68 m,煤层 1.4 m,上部泥岩 1.27 m,上部砂质泥岩 11.92,上覆中粒砂岩 13.12 m。

模拟开采深度为 450 m,选用莫尔-库仑本构模型,模型的材料参数见表 6-1。

表 6-1　　　　　　数值模型材料参数

材　料	体积模量 /GPa	剪切模量 /GPa	密度 /(kg/m³)	内聚力 /MPa	抗拉强度 /MPa	内摩擦角 /(°)
中细砂岩	18.73	12.0	2 650	6.5	3.5	34
粉细砂岩	14.17	10.8	2 650	4.25	2.8	40
泥岩	3.62	2.6	2 610	2	1.02	30
煤	1.52	0.79	1 300	1	0.3	25
砂岩	18.66	11.9	2 650	6.5	3.5	34
充填体	1.12	0.67	1 900	1.4	0.5	23

6.1.2 模拟方案

为了正确模拟分析煤层在开采过程中巷旁充填支护墙的受力

与变形情况,为正确设计此充填支护墙提供必要的科学依据,以现场工程实际为基础,模拟巷旁支护墙的受力和变形,以实际的巷道断面及支护为基础,留巷墙体边界采用真实边界,周围的岩体应力也采用真实应力,推进步距 4 m,如图 6-1 所示。

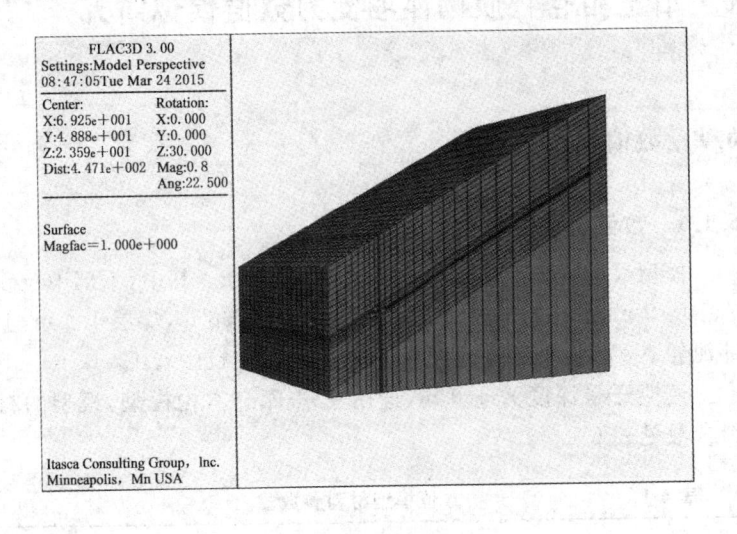

图 6-1　FLAC3D 数值模拟模型的建立

6.2.3　模型初始化

（1）生成初始应力

根据模拟开采深度以及上覆岩层情况,对模型上斜面所有节点施加垂直梯度应力边界条件模拟上覆岩层载荷。通过求解,可模拟开挖前的初始地应力场,如图 6-2 所示。

（2）巷道开挖及支护

根据工作面实际情况建立模型,模型中巷道断面设置与实际情况相同,并且对双巷进行支护,支护方式、构件尺寸和间距与现场实际相同,如图 6-3 所示,模拟结果如图 6-4 所示。

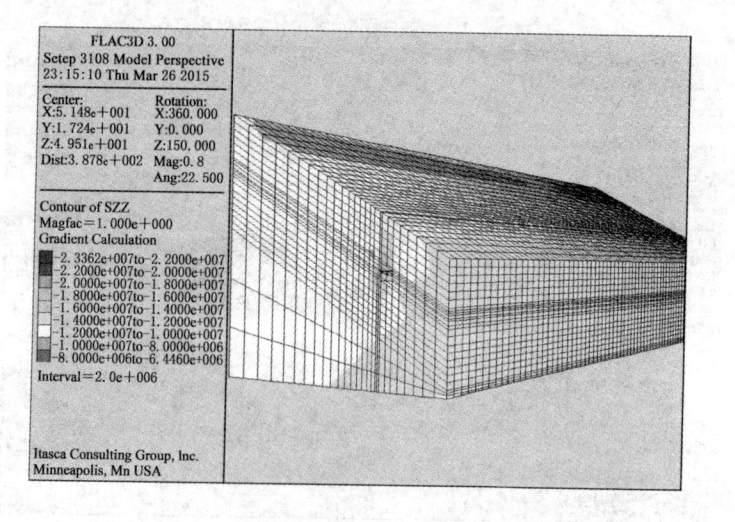

图 6-2 初始地应力场

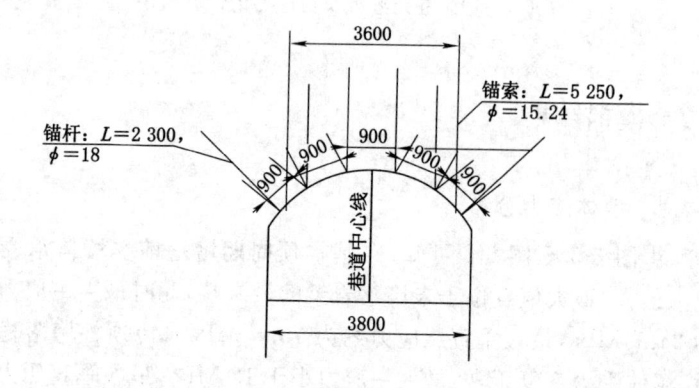

图 6-3 巷道断面尺寸和支护方式

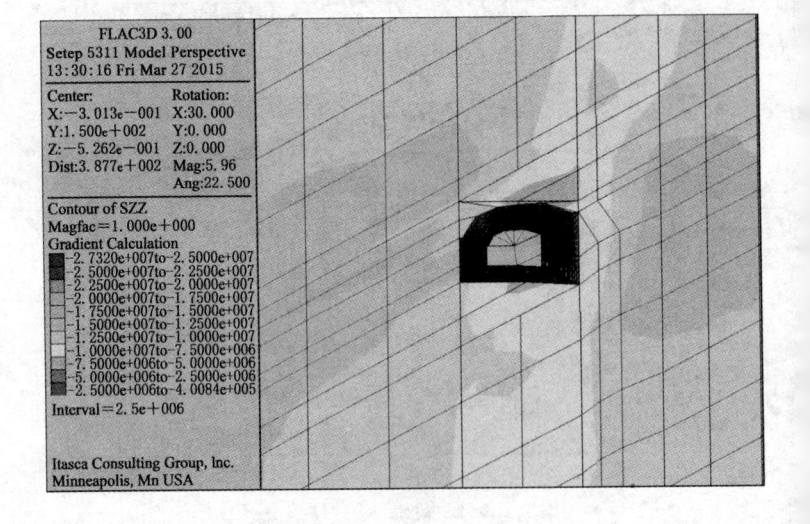

图 6-4　回采巷道开掘及与应力场计算结果

6.2　模拟结果

6.2.1　墙体应力分布

由图 6-5 至图 6-8 可知,在基本顶周期垮落前夕墙体承受的应力最大,最大值点位于未垮落岩梁的最末端,此时最大主应力约为 24.7 MPa,最大垂直压应力约为 19.6 MPa。待顶板垮落稳定后,墙体受力恢复正常,最大主应力小于 12 MPa,最大垂直压力小于 8 MPa。

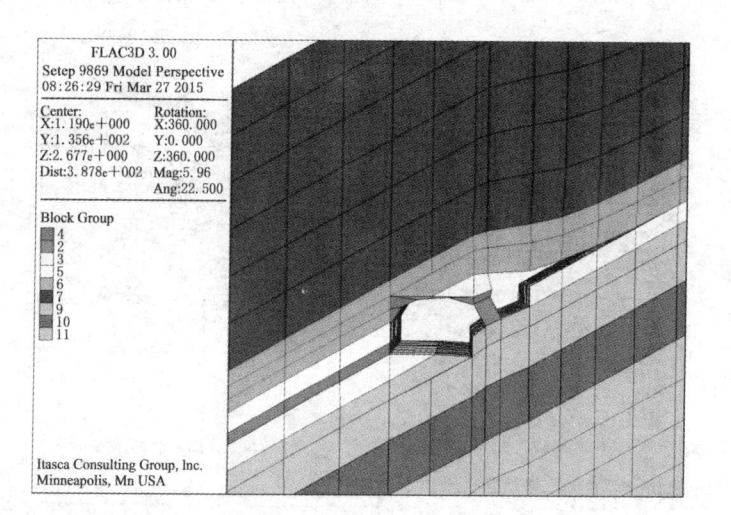

图 6-5 顶板垮落后的模型

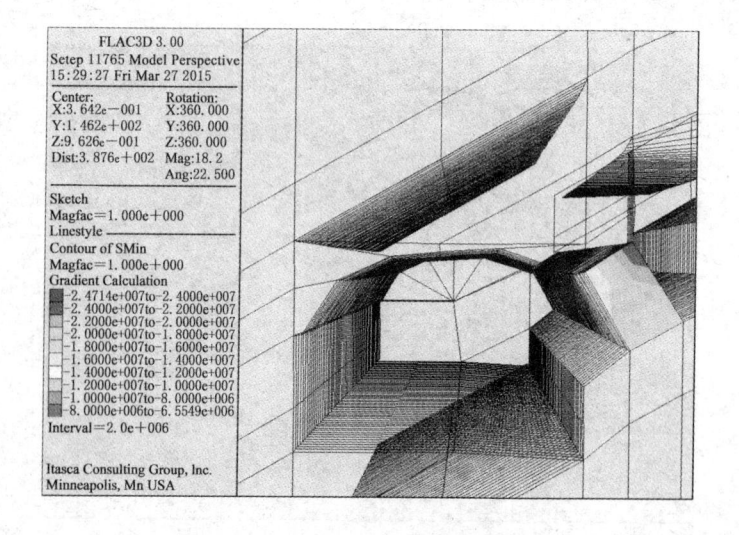

图 6-6 墙体最大主应力分布矢量图

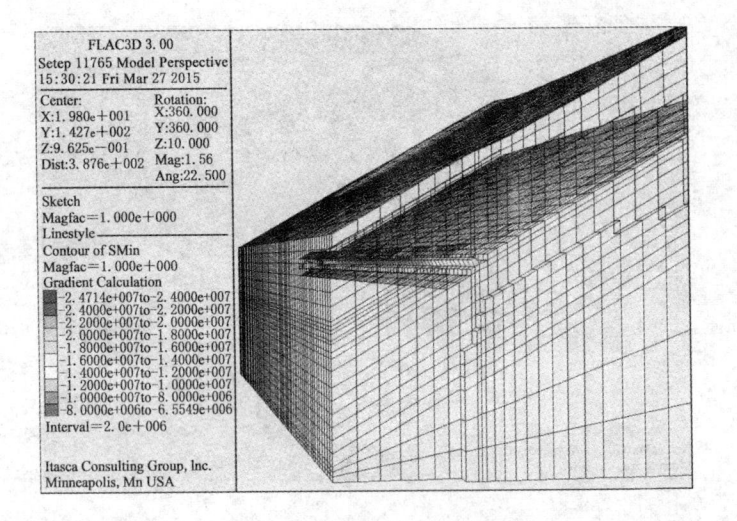

图 6-7　墙体最大主应力分布矢量图 2

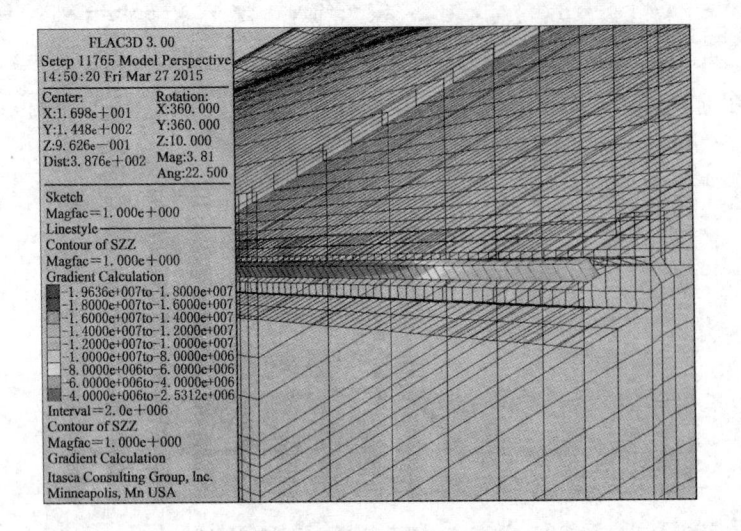

图 6-8　墙体垂直分布矢量图

6.2.2 留巷后巷道位移分析

由巷道垂直位移分布矢量图 6-9 可知,留巷后巷道顶板下沉量较大,为 $100\sim150$ mm,底鼓小于 25 mm,最大顶底板移近量小于 175 mm。由巷道水平位移分布矢量图 6-10 可知,巷道两帮的最大水平位移量均不超过 20 mm,两帮移近量小于 40 mm。顶板向实体煤方向水平移动了最大约 27 mm。

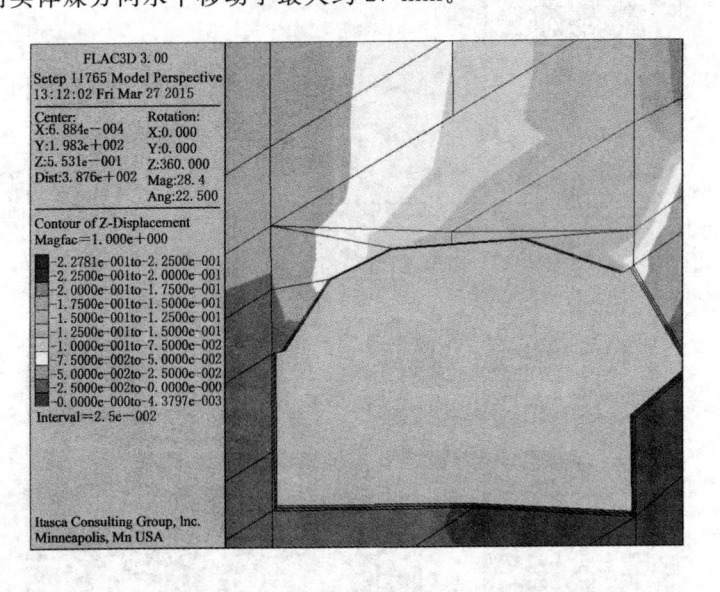

图 6-9 巷道垂直位移分布矢量图(距离切眼 151 m,距离工作面 113 m)

6.2.3 留巷后煤体内应力分布情况

由图 6-11 可知,工作面回采-留巷后,支承压力向实体煤内转移,实体煤内支承压力增高区距离巷道壁 $4\sim7$ m,支承压力最高达到约 41 MPa,应力集中系数约为 3.6。

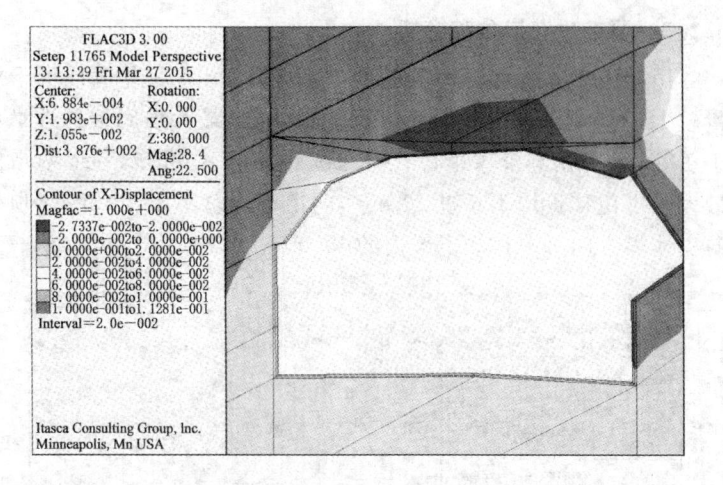

图 6-10 巷道水平位移分布矢量图（距离切眼 151 m，距离工作面 113 m）

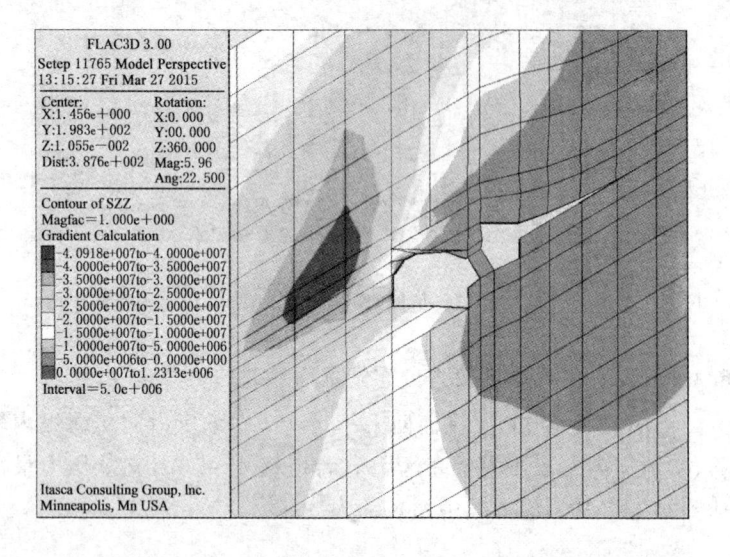

图 6-11 回采后的垂直应力分布矢量图（距切眼 159 m，距工作面 105 m）

6.3 结论

① 在基本顶周期垮落前夕墙体承受的应力最大,最大值点位于未垮落岩梁的最末端,此时最大主应力约为 24.7 MPa,最大垂直压应力约为 19.6 MPa。待顶板垮落稳定后,墙体受力恢复正常,最大主应力小于 12 MPa,最大垂直压力小于 8 MPa。

② 留巷后,巷道顶底板移近量最大值不足 175 mm,两帮移近量小于 40 mm;巷道顶板向实体煤方向水平移动约 27 mm,变形量满足沿空留巷要求。

③ 工作面回采-留巷-垮落后,支承压力向实体煤内转移,实体煤内支承压力增高区深入巷道壁约 4~7 m,支承压力最高达约 41 MPa,应力集中系数约 3.6,应力集中程度较高。

④ 轻质高强混凝土多孔砌体墙能够满足-4111 工作面沿空留巷的要求。

7 轻质砌体沿空留巷施工关键技术

7.1 砌体施工关键技术

7.1.1 墙体砌块排列

砌墙施工砌块排列图如图 7-1 和图 7-2 所示。

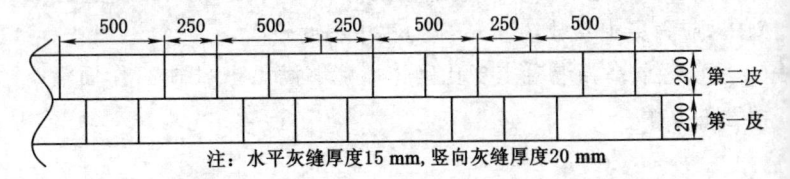

注：水平灰缝厚度15 mm，竖向灰缝厚度20 mm

图 7-1 墙体长度方向第一、第二皮砌块排列图（向上重复）

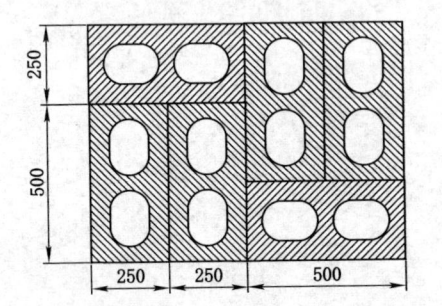

注：水平灰缝厚度15 mm，竖向灰缝厚度20 mm

图 7-2 墙体砌块平面排列图（向上重复）

7.1.2　多孔砌块封底面的朝向及码砌方法

为了防止不均匀沉降可能造成墙体受力不均导致墙体开裂，承载力失效，必须对墙体基础加以平整，确保底面是一个受力均匀的平面，施工时按以下顺序施工：

底板整平后铺 20 mm 砂浆，在铺底的砂浆上放置第一皮（底层）砌块，并确保砌块的封底面朝下，然后将砌块孔洞灌满砂浆抹平；在抹平砂浆的砌块面上铺 10 mm 砂浆，然后放置第二皮砌块，确保第二皮砌块封底面朝上；在第二皮砌块的底面上铺 10 mm 砂浆，然后放置第三皮砌发块；以下按相同的方法码砌到顶。

7.1.3　砌筑用砂浆

（1）砂浆等级：M20 水泥砂浆。

（2）砂浆配合比：水∶水泥∶砂＝350 kg∶460 kg∶1 590 kg。

其中：水泥强度等级为 42.5 的普通硅酸盐水泥，砂为本地砂。

7.1.4　砌墙操作工艺

（1）工艺流程：基底抄平→墙体放线→制备砂浆→立皮数杆、挂线→砌块排列→铺砂浆→砌块就位→校正→竖缝灌砂浆→勾缝。

（2）墙体放线：砌体施工前，应将地基面层按标高找平，依据砌筑图放出第一皮砌块的轴线、砌体边线。

（3）砌块排列：按砌块排列图在墙体线范围内分块定尺、划线。排列砌块的方法和要求如下：

① 砌块砌体在砌筑前，应根据工程设计施工图，结合砌块的品种、规格绘制砌体砌块的排列图，经审核无误，按图排列砌块。

② 砌块排列应从地基面排列，排列时尽可能采用主规格的砌块。

③ 砌块排列上、下皮应错缝搭砌，搭砌长度不得小于砌块高

的 1/3,也不应小于 100 mm。

④ 砌体水平灰缝厚度一般为 15 mm,垂直灰缝宽度为 20 mm。大于 30 mm 的垂直缝,应用 C30 的细石混凝土灌实。

(4) 制配砂浆:按要求的强度制配砂浆,计量精度为水泥±1%,砂、水±3%以内,应采用机械搅拌,搅拌时间不少于1.5 min。

(5) 铺砂浆:将搅拌好的砂浆,通过灰车运至砌筑地点,在砌块就位前,用大铲、灰勺进行分块铺灰,铺灰长度不得超过2 500 mm。

(6) 立皮数杆、挂线:皮数杆可以控制每皮砌块的竖向尺寸,保证铺灰厚度均匀,通过挂线保证砌块水平。立皮数杆前先在皮数杆上划出每皮砌块和灰缝的厚度,立皮数杆时应确保垂直度,挂线应拉紧。

(7) 砌块就位与校正:砌块砌筑前一天应进行浇水湿润,冲去浮尘,清除砌块表面的杂物后方可搬运就位。砌筑就位应先远后近、先下后上、先外后内;每层开始时,应从定位砌块处开始;应吊砌一皮、校正一皮,皮皮拉线控制砌体标高和墙面平整度。

砌块安装时,砌块底面要水平下落,对准位置,缓慢地下放,经小撬棒微撬,用托线板挂直、核正。

(8) 竖缝灌砂浆:每砌一皮砌块,就位校正后,用砂浆灌垂直缝,随后进行灰缝的原浆勾缝,深度一般为 3～5 mm。

(9) 沉降缝:为了避免基底不均匀沉降造成墙体破坏,建议每隔 50 m 设沉降缝一道。

7.1.5 质量标准

(1) 使用的砌块和原材料,其技术性能、强度、品种必须符合设计要求,水泥必须有出厂合格证,规定试验项目必须符合标准。

(2) 砂浆的品种、强度等级必须达到设计要求,按规定制作试块,试压强度等级不得低于设计强度。

(3) 砌筑错缝应符合规定,不得出现竖向通缝。

（4）灰缝均匀一致。

（5）砌筑砂浆应密实,砌块应平顺,不得出现松动。

7.1.6 应注意的质量问题

（1）砌体黏结不牢:原因是砌块缺少浇水养护,砌块砌筑时一次铺砂浆的面积过大,校正不及时;砌块在砌筑使用的前一天,应充分浇水湿润,随搬运随将砌块表面清理干净;砌块就位后应及时校正,紧跟着用砂浆(或细石混凝土)灌竖缝。

（2）第一皮砌块底铺砂浆厚度不均匀:原因是基底未事先用细石混凝土找平标高,造成砌筑时灰缝厚度不一,应注意砌筑基底找平。

（3）砌体错缝不符合设计和规范的规定:未按砌块排列组砌图施工。应注意砌块的规格并正确地组砌。

（4）砌体偏差超规定:控制每皮砌块高度不准确。应严格按标杆高度控制,掌握铺灰厚度。

7.2 超前支护关键技术

（1）巷道内超前支护采用锚杆锚索配钢筋网重新支护拱形巷道的左侧拱顶部。锚杆参数:800 mm×1 000 mm,钢筋网规格: 2 600 mm×1 000 mm(长×宽)的钢筋网,钢筋直径8 mm。

（2）钢筋网铺设和锚杆施工技术

① 在超前缺口前方铺设钢筋网,铺设时先标画好钢筋网的位置并用铁丝将钢筋网固定在巷道顶板的锚网上。

② 钢筋网最下方一排预护孔不固定,待掘超前缺口时将钢筋网扭到内连煤层的顶板下用铰梁压住。

③ 钢筋网采用金属脂锚杆和锚索固定在巷道靠上帮侧的顶帮上,如图7-3所示。

图 7-3　－4111 机巷超前支护关键技术及超前缺口现场图片

7.3　超前缺口施工关键技术

在工作面下出口内连煤层和下内连煤层中掘超前缺口,内连顶板作为超前缺口的顶板。如第三章图 3-10 所示,超前缺口参数:长不小于 2 400 mm,宽不小于 2 400 mm,高约 1 400 mm(以取完内连煤层为准),支护参数:采用单体支柱配铰梁支护,单体支柱柱距 600 mm,排距 750 mm,单体支柱必须有 3°～5°的迎山角,铰梁必须全部铰接。

7.4　沿空留巷巷旁施工关键技术

(1)混凝土砌块墙做巷旁支护。墙厚 0.7 m,墙高以接顶为限,用木料充填接顶,墙体总体上垂直于顶底板,所以砌墙时需要采用稳固墙体的措施。

(2)砌墙点上方的回撤通道用走向密集与倾向密集配合形成,走向密集长度不大于 3.6 m,密集柱距 0.27 m,并在密集内用竹笆挡矸,方便砌墙人员作业,如图 7-4 所示。

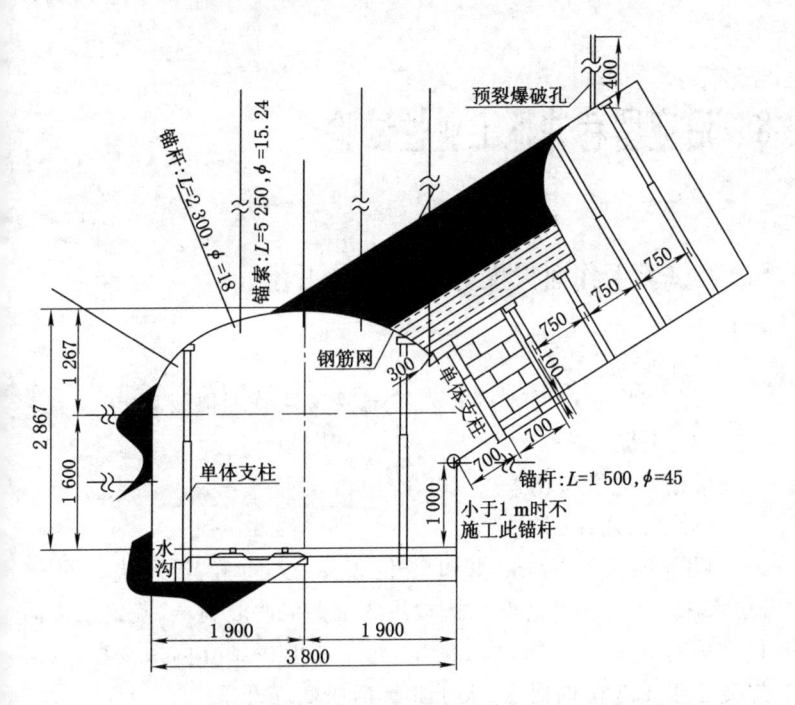

图 7-4　巷旁支护示意图

(3) 钢筋网转角距墙体不超过 0.3 m。砌筑墙体必须超前工作面放顶线并大于 600 mm。回撤墙体外的稳固单体支柱滞后工作面切顶线 60~90 m,回撤机尾巷内加强支护支柱滞后工作面切顶线 90~100 m。

(4) 墙体稳定措施:在预计砌墙处边缘先支设单体支柱,钢筋网走向布置内侧,然后再砌筑墙体,单体支柱间距 600 mm,这样单体支柱在砌墙时能保证墙体不垮塌。待压力来时,墙体自然稳固,有加强支护的功能。

8 沿空留巷井下工业性试验

8.1 试验工作面采煤方法及回采工艺

（1）采煤方法

采用走向长壁后退式采煤，全部垮落法管理顶板。

（2）采煤工艺

采用综合机械化采煤工艺。

（3）采高的确定

根据煤层赋存条件和三机配套设计确定采高。根据 ZQY3000/14/32 型急倾斜掩护式液压支架适应高度，确定工作面最大采高 3 m，最小采高 1.8 m。煤层厚度在 3 m 内采全高，煤层厚度小于 1.8 m 时卧底，大于 3 m 时护底煤开采。

（4）落煤方式

采用 MG250/600-AWD1 型割煤机组落煤。上缺口机组无法割煤时，采用煤电钻打眼，爆破落煤，人工攉煤；下缺口为方便沿空留巷，采用煤电钻打眼，爆破落煤，人工攉煤方式超前做缺口。

（5）装煤方式、运煤方式、有无煤柱开采

装煤方式：采用 MG250/600-AWD1 型割煤机组螺旋滚筒叶片和 SGZ730/320 刮板输送机的铲煤板装煤。

运煤方式：工作面采用 SGZ730/320 型刮板输送机运煤，SZB630/40 顺槽桥式转载机及 SD-80 带式输送机运煤运至 411 采区煤仓，在＋120 水平北大巷使用 1 t 矿车装车，串车运输至＋120

水平翻笼房,再提升至地面。

无煤柱开采:本工作面机巷为沿空留巷,不护设留巷煤柱,需要另掘超前缺口。

(6) 支护及控顶方式

工作面使用 ZQY3000/14/32 型急倾斜掩护式液压支架支护顶板,采用追机移架的方式对顶板进行及时支护,把支架拉到最小控顶距。在采煤机割煤后,先移架,再推溜;当顶板破碎或片帮严重时要紧跟滚筒移架或不等采煤机割煤就进行超前移架。支护要求:工作面应达到质量标准化要求,确保"三直、二平、一净、二畅通"的要求;采煤机割煤后,要及时拉架。工作面支架严禁歪斜和咬架、挤架,出现问题后应及时调整,并控制好端面距。

8.2　沿空留巷工业性试验方案

8.2.1　钢筋网托顶砌体巷旁支护沿空留巷方案

在超前缺口位置对拱形顶板上帮进行钢筋网托顶,锚杆锚索补强支护。超前缺口只取内连和下内连煤层,把预留的钢筋网包住夹矸与巷道的转角,护住夹矸和外连煤层保持拱形的完整性,并采用单体支柱压紧在铰接顶梁上面,待砌墙体时,预留钢筋网在墙体与顶板之间,形成钢筋网托顶混凝土砌块巷旁支护沿空留巷支护方式。另外,在下出口向上 3 m 处施工预裂爆破眼爆破切顶卸压,在下帮施工帮锚。根据不同的矿压显现对工作面机巷及沿空留巷不同地段实施不同的支护,如图 8-1 至图 8-6 所示。

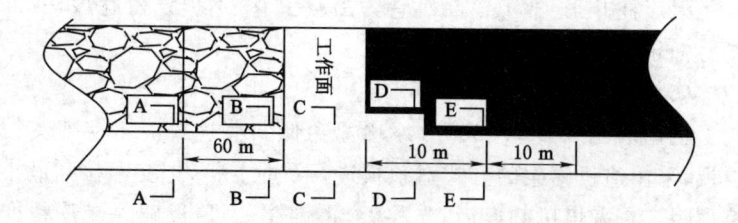

图 8-1　方案二沿空留巷不同地段支护断面位置分布

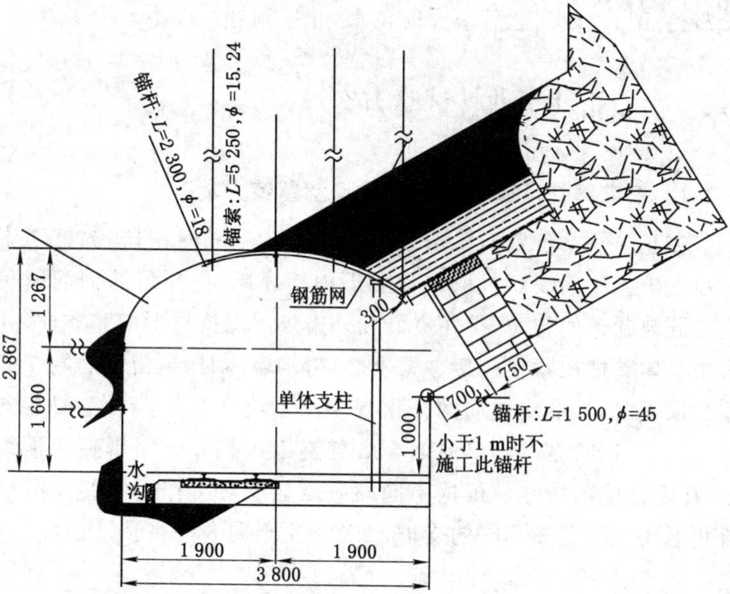

图 8-2　沿空留巷 A—A 段支护断面

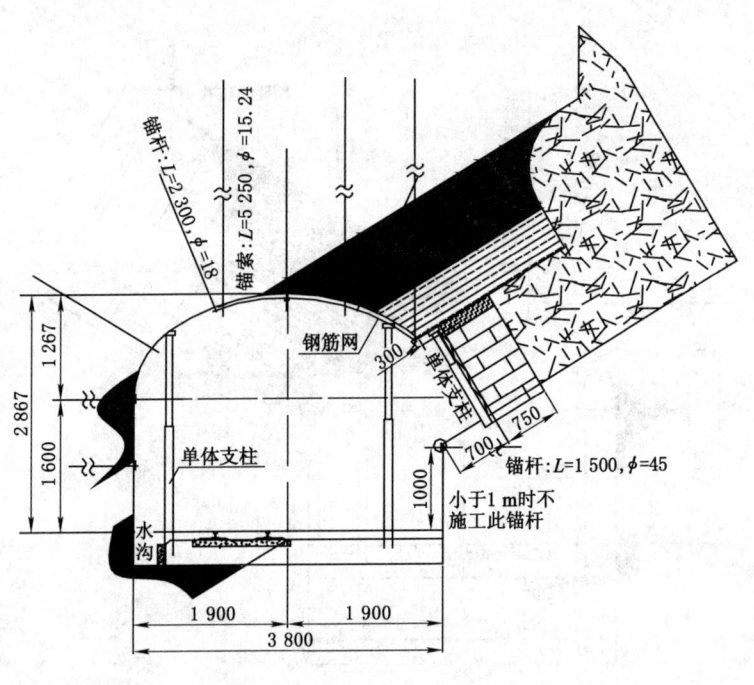

图 8-3 沿空留巷 B—B 段支护断面

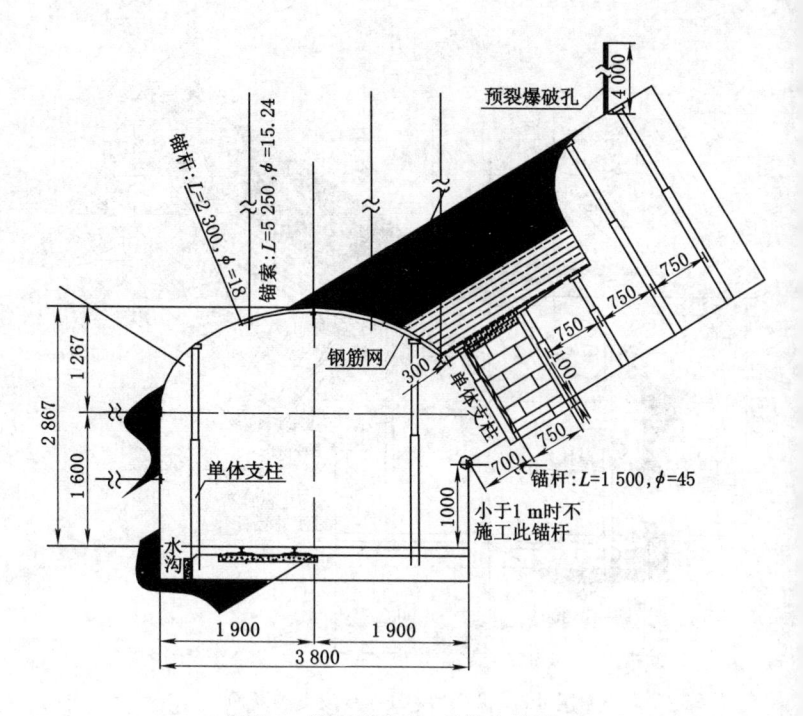

图 8-4　沿空留巷 C—C 段支护断面

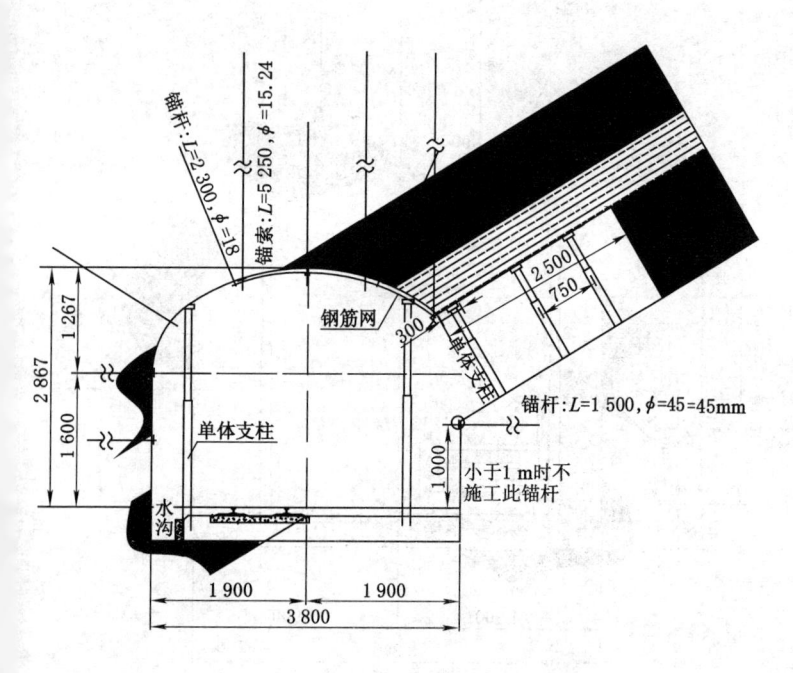

图 8-5 沿空留巷 D—D 段支护断面

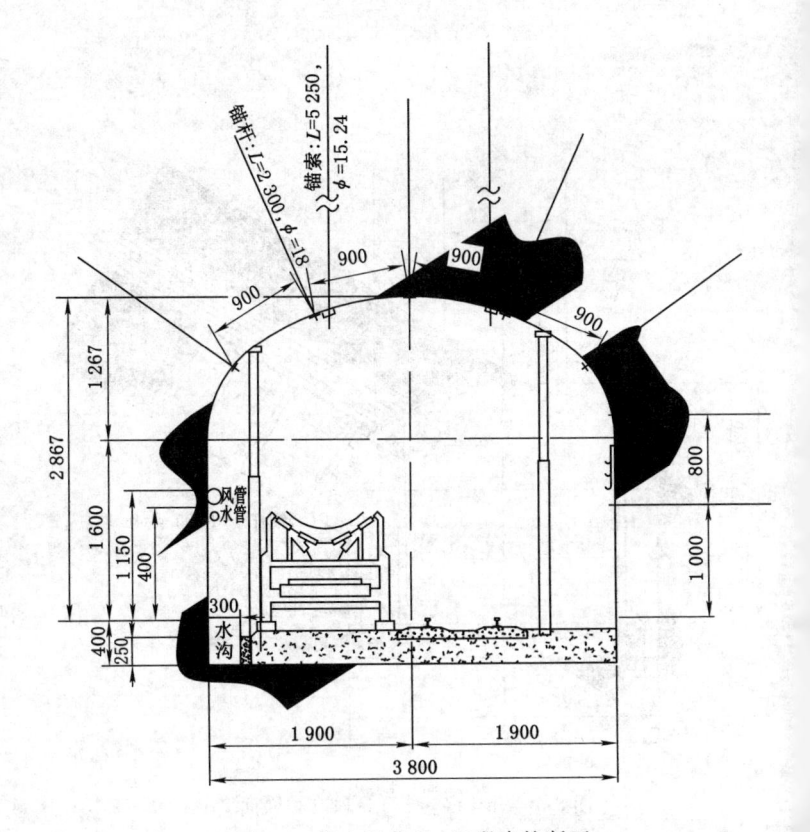

图 8-6　沿空留巷 E—E 段支护断面

8.2.2　L 网挡矸工字钢点柱巷旁支护对比试验方案

为了比对钢筋网托顶砌体巷旁支护沿空留巷方案的效果,选取一4111 工作面矿压显现程度相对较小的 50 m 范围,采用 L 型网挡矸工字钢点柱巷旁支护方案。根据不同的矿压显现对工作面机巷及沿空留巷段实施不同的支护,如图 8-7 至图 8-11 所示。

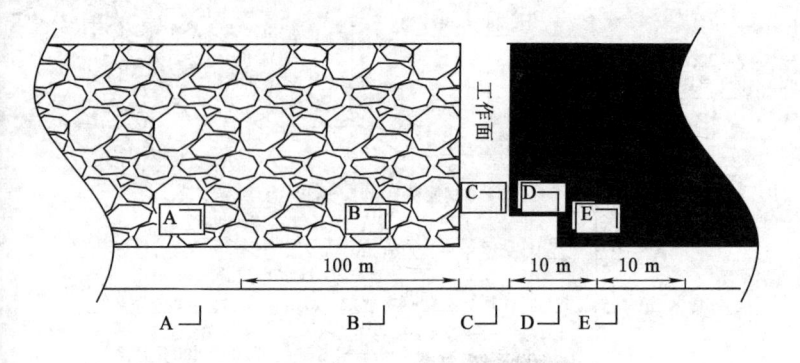

图 8-7 方案一沿空留巷不同地段支护断面位置分布

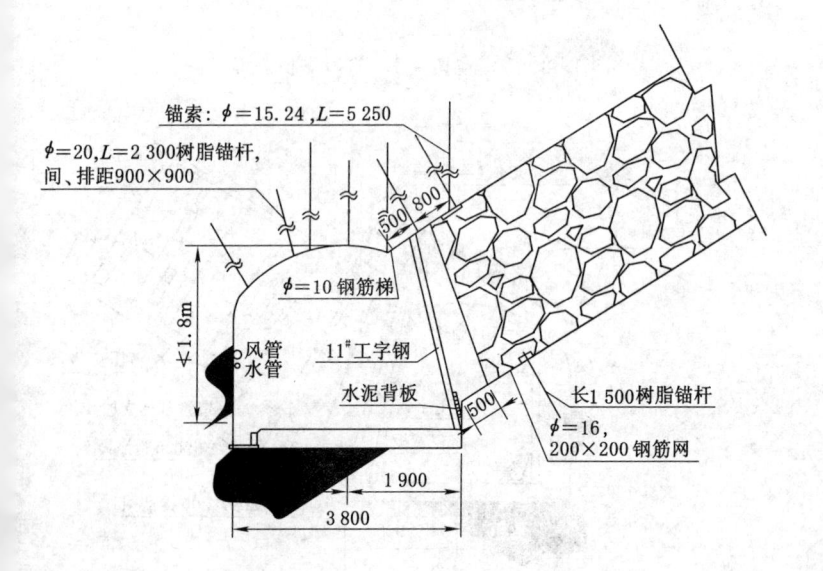

图 8-8 沿空留巷 A—A 段支护断面

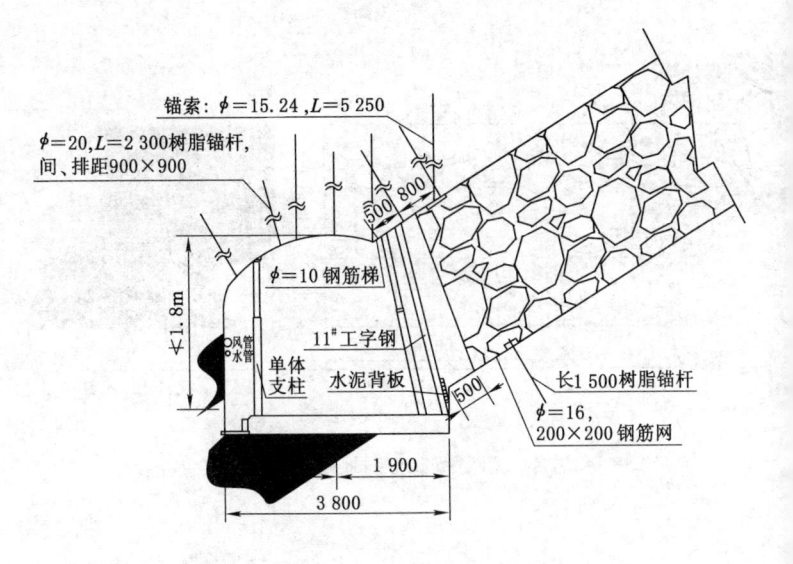

图 8-9　沿空留巷 B—B 段支护断面

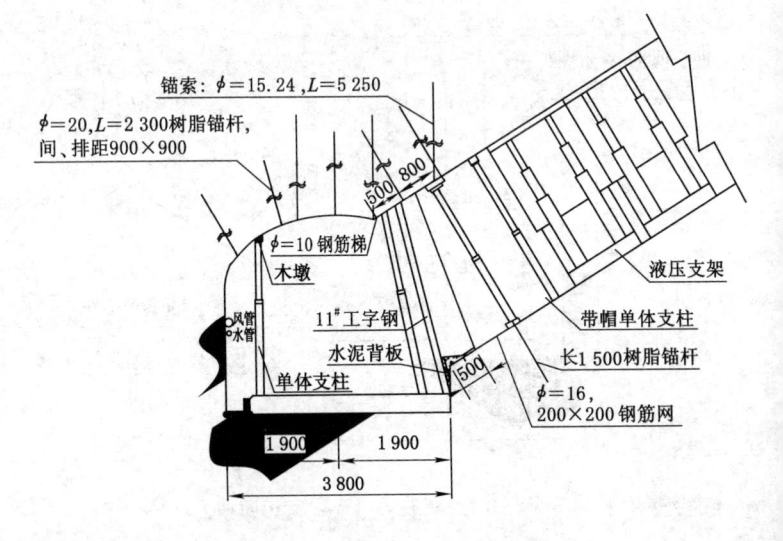

图 8-10　沿空留巷 C—C 段支护断面

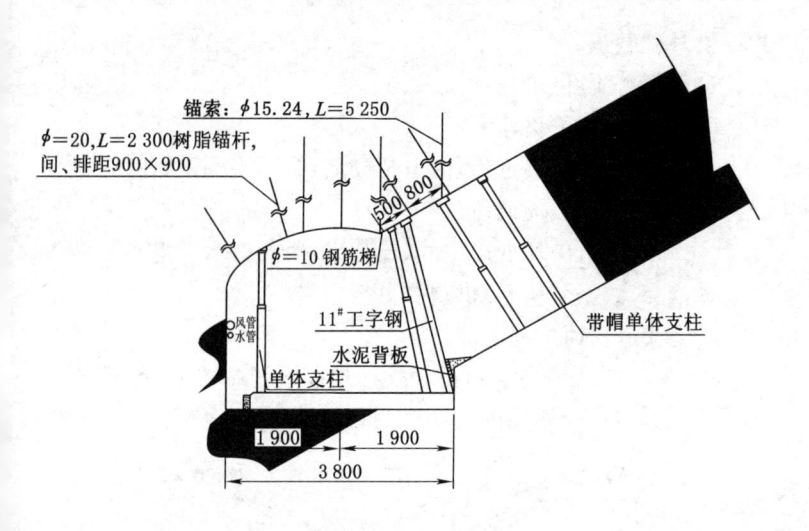

图 8-11 沿空留巷 D—D 段支护断面

在工作面超前位置采用爆破的方式把原来拱形巷道拱部的外连煤层取下，重新施工锚杆，利用倾斜煤层顶板活动规律在采空区下方固定一排"L"型金属网并用单体支柱和工字钢做辅助支护和挡矸。在"L"型金属网外支设一排工字钢点柱和两排单体液压支柱。待采空区冒落的矸石将采空区下部充满填实，利用矸石承受顶板压力，从而减轻巷内的矿压显现。为防止采空区的矸石窜入巷道内，在需要时在"L"型钢筋网内铺设菱形锚网。

8.3 沿空留巷工业性试验效果

8.3.1 沿空留巷变形观测

8.3.1.1 变形观测方案

（1）目的

掌握最基础的巷道变形和破坏特征后，为进一步改进支护方式提供基础数据。

（2）观测项目

①巷道表面位移监测。

②顶底板相对移近量，因上帮砌墙，故不观测两帮移近量。

③巷道变形破坏调研。

④调查巷道破坏变形方式、支架破坏方式、水对巷道影响等。

⑤观测数据分析，提供观测分析报告。

（3）巷道表面位移观测

① 在－4111机巷具有代表性的地段设测站6个，各测站间距大于15 m，在每个测站内设3个测点，见图8-12和图8-13。

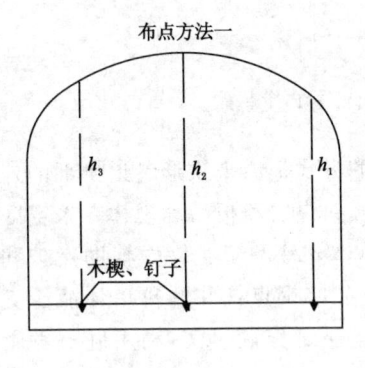
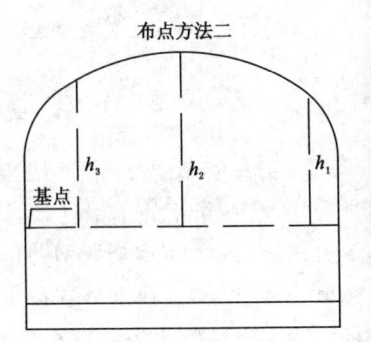

图 8-12　观测点布置方法

沿空留巷观测站设置：Ⅰ测站从距工作面煤壁前方15 m开始观测，一直观测到距离工作面煤壁后方165 m结束；Ⅱ测站从距工作面煤壁前方30 m开始观测，直到距工作面煤壁后方150 m结束；Ⅲ测站从距工作面煤壁前方45 m开始观测，直到距工作面煤壁后方135 m结束；Ⅳ测站从距工作面煤壁前方60 m开始观测，一直观测到距离工作面煤壁后方120 m结束。

② 测点的安设方法：方法一是在巷道左肩、右肩、中心线顶板

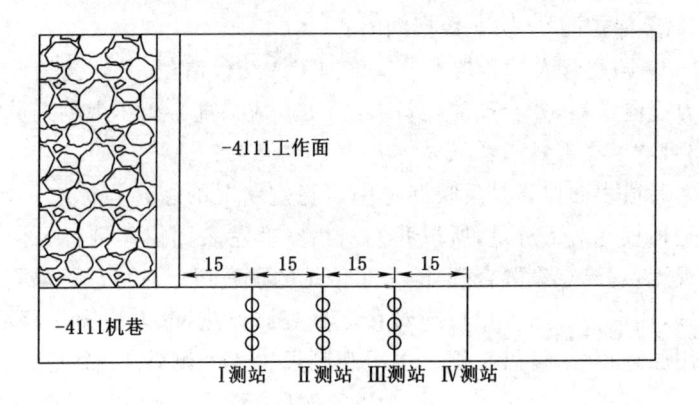

图 8-13 矿压观测布置图

锚杆铅垂下方埋设木桩测顶底板相对移近量。方法二是在巷道下帮安设管缝式锚杆,在管缝式锚杆处安设木楔并打钢钉作为基点,用水准管和卷尺测量巷道左肩、右肩、中心线顶板锚杆到基点的距离,观测顶板绝对移近量。

(4) 人员组织

观测人员由技术科、生产科和采一队技术员联合组成,技术科负责观测人员培训、数据整理、报告撰写等。

(5) 注意事项

① 观测的数据要准确,尽量保证数据的精度。所测数据必须是客观事实的反映,观测数据要"宁缺勿滥"。

② 观测数据必须在井下及时记录,字迹要清晰,严格按规定的表格填写。

③ 读数时要注意前后两次读数是否正常。若出现异常,要查明原因,重新测读,或用邻近测点的读数校正。

④ 对巷道出现的宏观变形和破坏要进行素描,记录位置和相关的尺寸。

⑤ 保护测站,防止数据间断。

⑥ 队主管人员和技术员应该向工人交代清楚,必须爱护矿山压力观测仪器,并合理地配备人员,工人应该配合矿压观测人员。

8.3.1.2 变形观测数据分析

巷道表面位移是反映巷道围岩稳定状况的综合指标之一,尤其是顶板绝对下沉量,所以我们对沿空留巷表面位移进行了详细的观测,观测点设置合理,除采用传统的顶底板相对移近量观测方法外,创造性提出了顶板绝对移近量观测方法,该方法操作简单,应用原理得当,可以采用。本次观测设置 4 个测站 12 个测点,数据真实可靠,能充分反映出现场的实际情况。图 8-14 至图 8-21 为观测数据形成的顶底板变化曲线图。

8.3.1.3 变形观测结论

① 本次观测没有观测巷道两帮移近量,主要原因是上帮巷旁支护采用砌墙,下帮采用锚网支护,实际意义不大。顶底板移近量采用了上帮、中部、下帮观测方法,能充分反映巷道各部位不同下沉状况,体现巷道下沉的不均匀性。针对性地采取不同的支护方式,同时创造性提出了顶板绝对移近量的简单观测方法,就观测方法而言,是科学的,简单的,与实际相符的。

② 巷道上帮下沉量最大,中部次之,下帮变化较小。上帮下沉量几乎是下帮的一倍,说明上帮没有煤柱,有下沉的空间,而下帮下沉空间有限,没有释放压力,因此,下帮将产生片帮的现象,必须进行护帮支护。

③ 巷道顶底板相对移近量最大没有超过 380 mm,顶板绝对移近量没有超过 300 mm,反映出顶板下沉量较小,顶板在锚杆锚网支护下整体结构没有遭到破坏,能充分发挥围岩的自承力,同时也反映出顶板底鼓不严重,原因是底板较为坚硬和日常维护的作用,保护了墙体基础的稳固性。

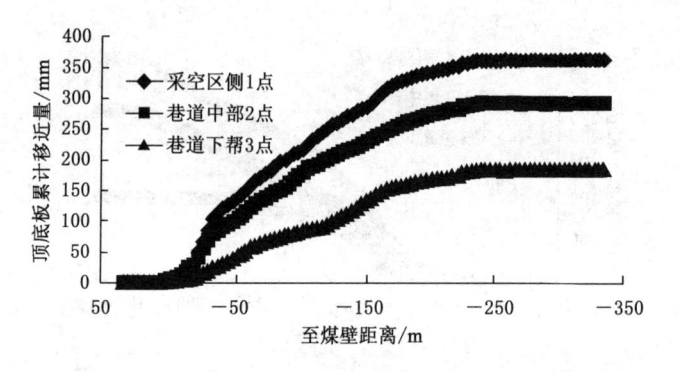

图 8-14 Ⅰ 测站顶底板累计移近量

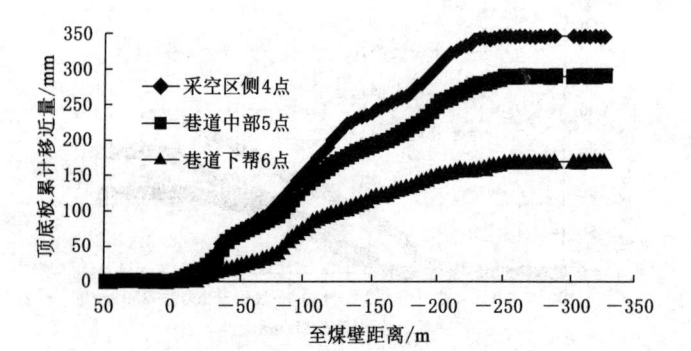

图 8-15 Ⅱ 测站顶底板累计移近量

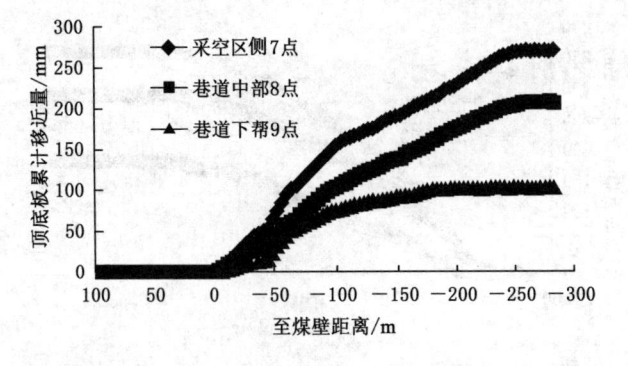

图 8-16　Ⅲ测站顶底板累计移近量

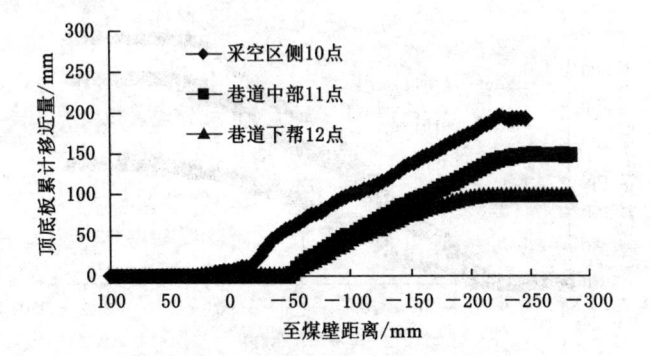

图 8-17　Ⅳ测站顶底板累计移近量

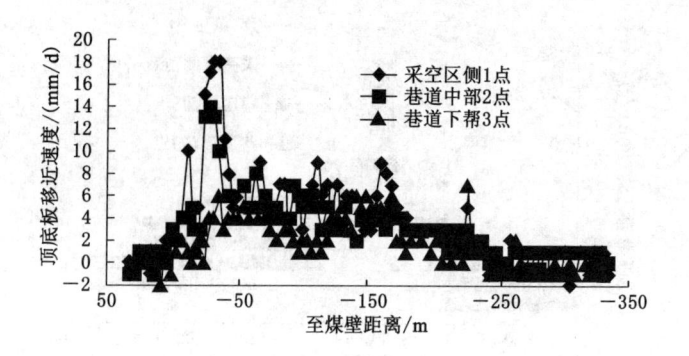

图 8-18　Ⅰ 测站顶底板移近速度

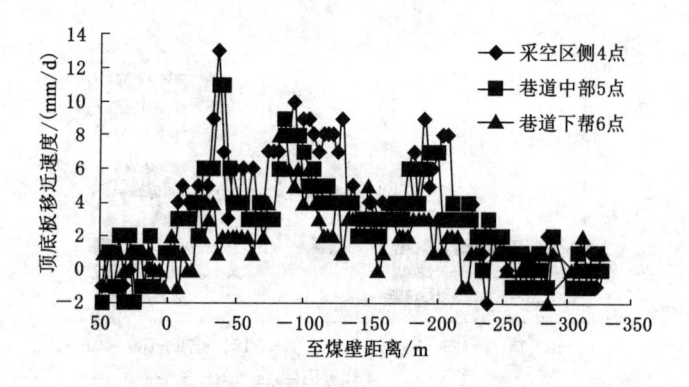

图 8-19　Ⅱ 测站顶底板移近速度

④ 顶底板相对移近速度和绝对移近速度变大主要发生在距煤壁 5 m 至 40 m 之间,说明此段距离是顶板活动剧烈时期,巷旁支护在此段最容易压裂破坏,因此,该段加强支护必须可靠,还要加强维护。

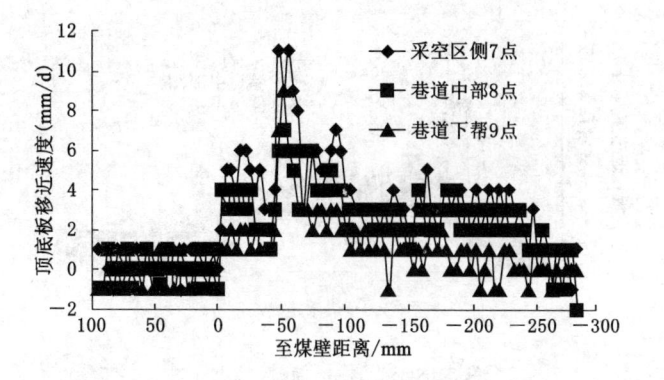

图 8-20　Ⅲ测站顶底板移近速度

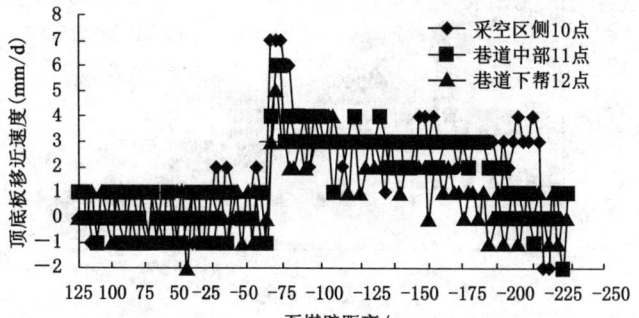

图 8-21　Ⅳ测站顶底板移近速度

8.3.2　沿空留巷效果照片

图 8-22 至图 8-28 所示为－4111 机巷未开采前巷道图和－4111 机巷沿空留巷效果现场图片、－4111 机巷沿空留巷效果现场图片和－4111 机巷沿空留巷巷道高度人体参照物图。

图 8-22　-4111 机巷未开采前巷道图

图 8-23　-4111 机巷沿空留巷效果现场图片(此处距煤壁 90 m)

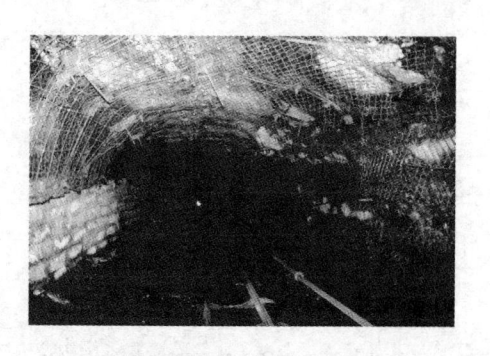

图 8-24　-4111 机巷沿空留巷效果现场图片(此处距煤壁 130 m)

图 8-25 —4111 机巷沿空留巷巷道高度人体参照物图(此处距煤壁 160 m)

图 8-26 —4111 机巷沿空留巷巷道高度人体参照物图(此处距煤壁 160 m)

图 8-27 —4111 机巷沿空留巷测量巷道高度现场图片(此处距煤壁 210 m)

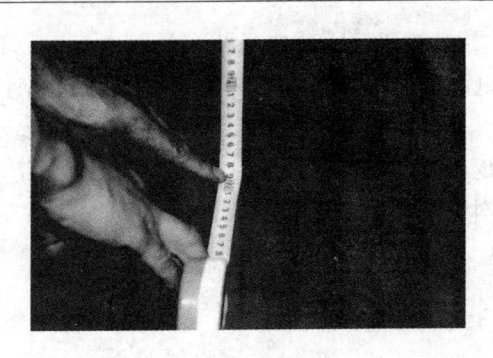

图 8-28　一4111 机巷沿空留巷测量巷道高度现场图片(此处距煤壁 210 m)

8.4　试验结论

（1）根据—4111 工作面机巷变形观测,沿空留巷两帮收敛、顶板下沉及底鼓变形量均不大,只需简单处理,沿空留巷完全能够满足作为—4113 轨顺使用的要求。

（2）顶板离层、锚杆受力观测表明,14$_{\text{中}}$04 轨顺巷道支护强度是合适的,14$_{\text{中}}$04 轨顺(14$_{\text{中}}$06 运顺)沿空留巷无论是在 14$_{\text{中}}$04 回采留巷期间还是在 14$_{\text{中}}$06 回采运用期间,沿空留巷均是稳定的,支护效果是好的。

（3）14$_{\text{中}}$04 轨顺沿空留巷受采动影响的距离为工作面前方 25 m 左右,工作面后方 200 m 左右。

（4）—4111 工作面沿空留巷结束后,墙体稳定,沿空留巷支护完好,能满足安全生产需要。

（5）轻质高强孔型砌块结构合理、尺寸适中,重量轻便,极大地减轻了工人的劳动强度,提高了效率。

（6）混凝土砌体墙纵横排列、错缝纵码的结构是合理的,有效地支撑了顶板压力、阻止了墙体的侧移和鼓出。

（7）混凝土块砌墙材料配比、形状尺寸和墙体结构设计合理,强度性能好,墙体受力状态稳定可靠。

(8)降低下出口采高、减小巷旁墙体高度以及钢筋网托顶支护软顶等技术的运用是成功的,保障了沿空留巷的稳定和安全。

(9)实现了工作面两巷进风的 Y 形通风方式,有效地控制了采空区瓦斯外溢和上隅角瓦斯积聚,解决了综采沿空留巷的瓦斯控制难题。

9 结论与建议

9.1 结论

(1) 钢筋网托顶轻质高强混凝土孔型砌块巷旁支护沿空留巷技术首次在－4111 大倾角中厚煤层综采工作面机巷实施成功,取得了多项突破性的沿空留巷创新性成果,具有相当的新颖性和科学性。

(2) 成功研制了页岩陶粒型 LC50 轻质高强混凝土和双孔型混凝土砌块,使砌块重量减轻了 45%,并提出了"二纵一横,纵横交错,错缝交叉"的砌块排列方式的墙体结构,首次运用于煤矿井下沿空留巷巷旁支护墙体并取得成功,不仅创新了沿空留巷的方式,也方便了施工,极大地减轻了工人的劳动强度,提高了效率。

(3) 运用顶板运动规律及矿压支护理论,结合 FLAC3.0 数值模拟分析,确定合理的沿空留巷支护强度和关键技术参数。

(4) 分析了大倾角拱形断面沿空留巷上覆岩层活动规律和围岩变形破坏规律,研究了沿空留巷变形组成的前期变形、中期变形和后期变形的"三期变形"理论,并提出了"前期基本支护控制、中期补强支护控制、后期稳定支护控制"的沿空留巷围岩控制的"三期变形"控制原则。结合金刚煤矿现场实际,提出了前期变形锚、网、索基本支护,中期变形 L 钢筋网、锚杆补强支护,后期变形单体支架稳定支护的围岩控制策略。

(5) 创造性提出了降低巷道采空区侧的采高,不仅降低了巷旁支护高度,增强了墙体的强度,增加了墙体的稳定性;同时保持了原巷道拱形巷道的完整性,有效利用了拱形巷道比梯形具有更大承载能力的特点。

(6)提前在超前缺口前重新补打锚杆和钢筋网,把钢筋网支护在内连煤层的顶板,形成包住外连煤层与巷道交接处的破碎煤块,保持该处的完整性,利用锚杆锚索钢筋网增强了原拱形巷道挤压加固的效果,让巷道围岩具有更大的承载力。

(7)在-4111机巷围岩移近量观测设计中,顶底板移近量采用了上帮、中部、下帮观测方法,体现巷道下沉的不均匀性,提出了顶板绝对移近量的简单观测方法,就观测方法而言,是科学的,简单的,与实际相符的。

通过科学仔细的观测,得到了顶底板相对移近量和顶板绝对移近量的数据,对沿空留巷支护方式和改进具有很强的指导意义。明确确定了单体液压支柱合理滞后支护距离100 m以上才能抵御采动压力的影响。

9.2 建议

(1)进一步研究掘进断面形状对沿空留巷的影响

实践证明:煤层巷道如果将要进行沿空留巷,掘进时要根据煤层厚度、工作面开采方式、煤层倾角、沿空留巷的方式来确定掘进巷道的断面形式,否则可能造成沿空留巷不成功。但什么情况下采用何种巷道断面形状,尚未有系统性的研究。达竹矿区既有因断面选择不合适导致沿空留巷失败,也有因断面选择正确而取得成功的众多案例。比如金刚煤矿,同样是2114工作面,风巷采用了拱形断面沿空留巷失败,中间机巷采用了梯形断面取得成功,本书-4111工作面机巷采用拱形断面也取得了成功。2114工作面风巷采用拱形断面,掘进时采用锚杆、锚索和金属网支护,但沿空留巷时网兜及失效锚杆特别多,导致巷道维护困难,后来又架设工字钢棚,但由于拱形巷道和梯形棚不配套,拱顶部变形量大,导致压力增大,结果使用两次都很困难;本书－4111 工作面机巷掘进也采用锚杆、锚索和金属网支护,沿空留巷时拱顶虽有下沉,但基本保持了拱顶完整;2114 工作面机巷采用了梯形断面,锚杆、锚网与金属棚联合支护,在掘进时锚杆支护与金属棚有一定变形空间,这个空间既不让锚杆支护失效,又不让棚式支护承受过大的压力而变形。目前,该巷道已作为下个区段回风巷使用,一条巷道服务了 4 个工作面的开采。

因此,深入研究在不同的煤层赋存、顶底板结构、岩层性质及巷旁支护形式等情况下巷道断面的受力、稳定和对沿空留巷的影响,从而选择最佳的掘进断面形状是十分重要的课题。

(2) 重视沿空留巷日常维护的重要性

沿空留巷不可避免将产生底鼓、片帮、漏顶等现象,巷道底鼓很容易破坏支撑体基础导致支撑体支护失效,最后导致顶板失去支护;漏顶破坏了顶板的完整性,减少了围岩的自承力,导致压力增大而破坏支架;片帮导致巷道跨度加大,顶板弯曲变形更大,最终导致顶板冒落。以上这些都可以通过及时维护保持巷道的支护完整性,确保沿空留巷成功。这在 311 采区 3116 机巷等沿空留巷得到证实,沿空留巷段作为材料及通风巷道后,人员及材料运输长期在沿空留巷段,尽管巷道底鼓严重,因为做到了日常维护处理,在下一个面使用前没再经过返修就直接投入了使用。

参考文献

[1] 陆士良.无煤柱护巷的矿压显现[M].北京:煤炭工业出版社,1982.

[2] 涂敏.沿空留巷顶板运动与巷旁支护阻力研究[J].辽宁工程技术大学学报,1999,18(4):347-351.

[3] 华心祝.我国沿空留巷支护技术发展现状及改进建议[J].煤炭科学技术,2006,34(12):78-81.

[4] 柏建彪,周华强,侯朝炯.沿空留巷巷旁支护技术的发展[J].中国矿业大学学报,2004,3(2):183186.

[5] 张文志.高强度锚杆支护巷道沿空留巷支护技术[J].煤矿开采,2005,10(3):41-42.

[6] 董旭升.正阳煤矿沿空留巷联合支护技术[J].煤炭技术,2006,25(4):111-112.

[7] 孙春东,张氓,刘树刚.应用锚网支护技术进行沿空留巷的实践[J].河北煤炭,2001(3):30-32.

[8] 华心祝.我国沿空留巷支护技术发展现状及改进建议[J].煤炭科学技术,2006,34(12):78-81.

[9] 刘毅.德国煤矿沿空留巷技术简介[J].山西焦煤科技,2006(10):44-46.

[10] 朱孝亭.英国煤炭井工开采业发展状况[J].中国煤炭,2000,26(8):48-50.

[11] 孙恒虎,赵炳利.沿空留巷的理论与实践[M].北京:煤炭工业出版社,1993.

[12] 郭育光,柏建彪,侯朝炯.沿空留巷巷旁充填体主要参数研究[J].中国矿业大学学报,1992(4):53-55.

[13] 李化敏.沿空留巷顶板岩层控制设计[J].岩石力学与工程学报,2000,19(5):24-26.

[14] 漆泰岳,郭育光,侯朝炯.沿空留巷整体浇注护巷带适应性研究[J].煤炭学报,1999(3):51-53.

[15] 谢文兵,笪建原,冯光明.综放沿空留巷围岩控制机理[J].中南大学学报,2004,35(4):61-65.

[16] 朱川曲,张道兵,施式亮.综放沿空留巷支护结构的可靠性分析[J].煤炭学报,2006,31(2):141-144.

[17] 华心祝,马俊枫,许庭教.沿空留巷巷旁锚索加强支护与参数优化[J].煤炭科学技术,2004,32(8):60-64.

[18] 华心祝,马俊枫,许庭教.锚杆支护巷道巷旁锚索加强支护沿空留巷围岩控制机理研究及应用[J].岩石力学与工程学报,2005,24(12):2107-2112.

[19] 胡曙光,王发洲,丁庆军.轻集料与水泥石界面结构[J].硅酸盐学报,2005,33(6):713-717.

[20] 龚洛书.轻集料混凝土[M].北京:中国铁道出版社,1996.

[21] 龚洛书.轻集料混凝土桥梁工程发展概况[J].施工技术,2002,31(9):1-3.

[22] 叶家军.高强轻集料混凝土构件优化设计与性能研究[D].武汉:武汉理工大学,2005.

[23] 许广生.少筋无肋空腹式轻质混凝土双曲拱桥使用情况调查[J].黑龙江交通科技,1995(3):45-46.

[24] 黄广胜.高强轻质混凝土在公路桥梁上的应用研究[D].成都:西南交通大学,2003.

[25] 陈炎光,陆士良.中国煤矿巷道围岩控制[M].徐州:中国矿业大学出版社,1993.

[26] 杨百顺.顾桥矿深井开采沿空留巷顶板控制技术研究[D].徐州:中国矿业大学,2008.

[27] 苏清政,郝海金.沿空留巷巷旁充填支护阻力计算模型[J].煤矿开采,2002,7(4):32-35.

[28] 任德惠.井工开采矿山压力与控制[M].重庆:重庆大学出版社,1990.

[29] 王连国,缪协兴,董健涛.深部软岩巷道锚注支护数值模拟研究[J].岩石力学,2005,26(6):983-985.

[30] 钱鸣高,石平五.矿上压力与岩层控制[M].徐州:中国矿业大学出版社,2003.

[31] 张农,高明仕,许兴亮.煤巷预应力支护体系及其工程应用[J].矿山压力与顶板管理,2002,19(4):1-4.

[32] 陈庆敏,郭颂,张农.煤巷锚杆支护新理论与设计方法[J].矿山压力与顶板管理,2002(1):12-15.

[33] 何满潮,袁和生.中国煤矿锚杆支护理论与实践[M].北京:科学出版社,2004.

[34] 康红普,王金华,等.煤巷锚杆支护理论与成套技术[M].北京:煤炭工业出版社,2007.

[35] 侯朝炯,勾攀峰.巷道锚杆支护围岩强度强化机理研究[J].岩石力学与工程学报,2000,19(3):342-345.

[36] 黎立云,许凤光,高峰等.岩桥贯通机理的断裂力学分析[J].岩石力学与工程学报,2005,24(23):4328-4334.

[37] 杜景灿,陈祖煌.岩桥破坏的简化模型及在节理岩体模拟网络中的应用[J].岩土工程学报,2002,24(4):421-426.

[38] 沈婷,丰定祥,任伟中.由结构面和岩桥组成的剪切面强度特性研究[J].岩土力学,1999,21(1):342-345.

[39] 张农著.巷道滞后注浆围岩控制理论与实践[M].徐州:中国矿业大学出版社,2004.

［40］　刘长武,褚秀生.软岩巷道锚注加固原理与应用［M］.徐州:
　　　　中国矿业大学出版社,2000.

［41］　张东升,缪协兴,玛光明,等.综放沿空留巷充填体稳定性研
　　　　究［J］.中国矿业大学学报,2003,32(3):232-235.

［42］　翟新献,周英,梁西京.沿空留巷巷旁充填体与顶板岩层的
　　　　相互作用研究［J］.煤矿设计,1999(8):6-8.

［43］　陈炎光,钱鸣高.中国煤矿采场围岩控制［M］.徐州:中国矿
　　　　业大学出版社,1994.